北京市科学技术协会
科普创作出版资金资助

从地球出发 From the earth
——太空科学实验与应用

地球周围那些事儿

张玉涵 著

文化发展出版社
Cultural Development Press

图书在版编目(CIP)数据

地球周围那些事儿 / 张玉涵著. — 北京 ： 文化发
展出版社，2020.12

（"从地球出发 ： 太空科学实验与应用"科普丛书）
ISBN 978-7-5142-3215-8

Ⅰ．①地… Ⅱ．①张… Ⅲ．①地球科学—青少年读物
Ⅳ．①P-49

中国版本图书馆CIP数据核字(2020)第272053号

地球周围那些事儿

张玉涵　著

总 策 划	高　铭　赵光恒　王志伟
执行策划	孔　健　杨　吉　张智慧
支持单位	中科院空间应用工程与技术中心

出 版 人	武　赫
责任编辑	孙豆豆
责任校对	岳智勇
责任印制	杨　骏
版式设计	曹雨锋
网　　址	www.wenhuafazhan.com
出版发行	文化发展出版社（北京市海淀区翠微路2号　邮编：100036）
经　　销	各地新华书店
印　　刷	北京博海升彩色印刷有限公司
开　　本	787mm×1092mm 1/16
印　　张	7.25
版　　次	2021年11月第1版　2021年11月第1次印刷
定　　价	36.00元
Ｉ Ｓ Ｂ Ｎ	978-7-5142-3215-8

如发现印装质量问题请与我社联系。发行部电话：010-88275602

序

　　一百多年前，有一个俄罗斯科学家说过一句著名的话：地球是人类的摇篮，但是人类不能总生活在摇篮中。这个人就是航天技术的鼻祖——齐奥尔科夫斯基。从那时起，人类便走上了走出地球摇篮的征程。为了征服地球的引力，从 20 世纪初开始进行火箭发射试验，高度从几百米、几千米，一直到几百千米。1957 年 10 月 4 日，人类把第一颗人造卫星送上了可以持续运行的轨道。也就是从这一天开始，人类才真正地走出了地球的摇篮。

　　本书用最通俗的语言，讲解了人类走出地球后发生的那些事儿，是一本内容丰富、知识全面的科普读物，非常适合对太空感兴趣的青少年阅读。感谢参与编写本书的作者们，他们是我们国家第一代空间科学和技术工作者。他们在退休之后，仍然思考着如何用自己的知识、经验和思考，为下一代做点儿什么。书里这些丰富的语言、图画、思想就是他们再次为我们国家航天和空间科学事业做的奉献。感谢他们！

　　今天，我们国家的航天和太空探索事业已经和 60 年前刚刚起步时大不相同了，中国人已经能够自由往返于地球和太空之间。2015 年底，我们发射了第一颗天文卫星，用来探测宇宙中的暗物质。在不远的将来，我们还会在自己的永久空间站上工作。我们的嫦娥探测器，已经在月球表面安全地降落，月球车也可以在月球表面自由地行驶。2020 年 12 月 17 日，我们还把月壤样品带回了地球。我们将在人类走出地球，探索太空的历程中，代表人类树立起新的里程碑。

　　本书的读者们，特别是青少年读者们，我真心地希望这本书能够是你们今后成为一位空间科学家、一个航天技术工程师，或者一名英雄航天员的起点。无论是你们的思想，还是你们的仪器、技术，或许是你们自己走出地球摇篮，都是人类走出地球摇篮的各种活动的一部分。人类只有把自己的目标定在太空，才能更清楚地认识、管理和保护好我们的地球家园，因此，学习空间知识的本意在于认识我们自己，使我们能够更好地生活，创造更好的未来！

　　让我们在太空中相会！

中国空间科学学会理事长

吴 季

前　言

　　在地球上发生的各类自然现象，如春、夏、秋、冬的寒暑交替；瞬息万变的风、雨、雷、电……人们并不陌生。因为，这就像人的呼吸运动表征着人的生命存在一样，自然界发生的所有现象，包括更加剧烈的火山、地震、海啸等也可以视为"地球生命活力"的自然表现。所以，人类在创造地球文明的发展过程中，逐渐有了"认识自然、顺应自然""构造人与自然和谐发展"的知识积累。原始人类懂得适应自然气候变化，为追逐食物而迁徙；早期智人懂得"择地而居，择时而行"，在温暖的季节狩猎、采撷，存贮足够的食物躲避寒冬；农耕时代的早期人类有了"日出而作，日落而息"的常识，根据自然变化安排一年的衣、食、住、行和生产活动。但是，人类对于一些突发的，通常会给生存带来重大灾难的极端自然现象，却一直缺少认识。例如，大约在公元79年，意大利古罗马帝国的庞贝古城，就是因为维苏威火山的突然爆发而毁于一旦，成为人类文明发展史上最惨烈的毁灭性事件之一。当时的古罗马先民，对于这样的自然事件既无科学预测，也无科学防范，无任何抵抗能力，只能在自然威力面前，以敬畏之心，给予神化，归之于"神"的主宰。

　　现代科学是近300年至400年才起源于欧洲的，一种认识自然、社会等客观规律的思维方式和对待、处理问题的行为方法的知识体系。在现代科学指导下，人们才开始对地震、火山、台风等极端自然现象有了系统的观察研究和科学认知的积累，客观地掌握了各类自然现象的发生与发展规律，从而提高了抗御自然灾害的能力。例如，建立在科学观察与分析基础上的气象预报，能够准确地预报每一次台风的发生、发展过程以及它将经历的路线、持续的时间和风力的大小，从而保障人们能够预先防范，最大限度地降低可能造成的生命财产损失。

今天人类活动的空间不再局限于地球陆地区域。特别是近 60 年，人类突破地球引力，航天技术让人类可以离开地面，到太空中去，于是人类活动范围延伸出去几个、几十个地球半径，人类已经登上月球，在不久的将来还会登上火星，乃至更远的某个不知名的地外天体。所以，认知地球周围空间的自然现象，就像人类当初认识地面上的风、云、雨、雪的气候现象一样重要。譬如：在距离地面 20~30 千米以上的高空，甚至更遥远的太空，是不是也存在恶劣的空间天气变化呢？它对地球人类的生存环境有什么影响？会不会给地球带来毁灭性灾难？这些都是民众所关心的。

近 30~40 年，由于航天技术的发展，人类可以直接进入太空，利用更先进的科学观测方法和手段，对地球周围空间进行直接、系统、全面的探测、研究。根据不断发表的探测研究成果，人们逐步认识到，从太阳到地球的整个日—地空间环境是由太阳大气、行星际介质、地球的磁层、电离层和中高层大气所构成的。从地表扩展到成百、上千千米的大气层空间是人类活动的重要场所，科学上笼统地称地球之外的空间为"太空"。对地球人来说，太空的空间高度、高真空、微重力、强辐射、高电导率等独特的环境条件都是人类发展需要的资源。太空为航天、通信、资源探测、军事等活动提供了地面不可能有的便利；地球大气层还有效地阻止和吸收了来自太阳的 X 射线、紫外线、高能带电粒子以及超高速的太阳风暴对地球人类的直接轰击，是地球生命的重要保护层。

但是，整个日—地空间并不是一个平静的环境，当它出现恶劣的自然现象变化时，也会给人类的空间科技活动，乃至地面社会生产活动带来许多意想不到的严重危害。例如，太阳上高温、超高速的物质喷发所形成的太阳风暴吹过地球，会造成地球磁层扰动、电离层变化、强的高能粒子辐射等自然现象，会干扰人类正常空间活动，会使卫星等飞行器失效或寿命缩短、提前陨落；还可能造成地球通信系统中断，导航、跟踪失误，电力系统损坏以及对人的健康与生命产生严重威胁。所以，适应航天、载人航天的应用需求，一个以认知空间环境自然现象及空间环境效应，并掌握其规律，探索研究，适应空间自然现象对策、措施的新兴应用学科"空间环境学"得到迅速发展，并出现了一个全新的学术名词"空间天气学"。

所谓"空间天气"是效仿地面气象预报研究模式，专门针对日—地空间环境的自然状态和现象，研究其发生、发展规律，可能产生的环境效应，对人类活动的影响，以及可能被开发利用的因素等，通过监测（探测）、研究，建立模型，开展服务预报。"空间天气"的应用目的是，为航天、通信、导航、资源、电力、生态、医学、科研、宇航安全和国防等部门提供区域性和全球性的空间环境状态和随时间变化的环境模式；为重要空间和地面活动，提供可能发生的重要空间现象，以及可能产生的环境效应，并提出预测和决策依据；为效应分析和防护措施提供依据；为空间资源的开发、利用和人工控制空间环境探索的可能途径，以及有关空间政策的制定提供理论指导。

"科技兴则民族兴，科技强则国家强。"科普教育是科技兴国，实现民族复兴中国梦的基础工程。习近平主席在 2016 年全国科技创新大会讲话中强调，"科技创新、科学普及"是实现创新发展的"两翼"，要把科学普及放在"与科技创新同等重要"的位置，普及科学知识、弘扬科学精神、传播科学思想、倡导科学方法，在全社会推动形成讲科学、爱科学、学科学、用科学的良好氛围。《地球周围那些事儿》本着面向普通民众，以介绍发生在地球周围空间的自然现象为主题，破除民众心中对重大自然灾害的盲目神化，了解我们人类生活在地球上，地球是浩瀚宇宙星空中一个微不足道的行星，地球和它周围空间所发生的各类自然现象都与地球人类的生存息息相关，从而树立起正确的科学观，推动中华民族的复兴大业。当然，本书也适合广大青少年朋友阅读，以增进其对空间科学的兴趣，培养其成为空间物理学家的志向。

发生在地球周围的自然现象，实际上涉及太阳物理、空间物理、地球物理、大气物理、宇宙线物理、空间等离子体物理，乃至包括航天、载人航天、信息技术、通信技术、探测技术等众多学科常识。所以，如何用最通俗的语言，把专业知识准确地传递给读者，不是一件容易的事儿，为了写好这本书，中国科学院国家空间科学中心领导和老专家们都非常关心和重视，中心老科协专门组织了一批资深专家参与本书的讨论；许多退休老同志热情地为写好本书出谋划策，认真审查，提出了许多宝贵意见；国家空间科学中心原主任 / 中国空间科学学会理事长吴季研究员专门为本书作了序。为此，我在这里向所有参与本书编辑、出版的专家领导，表示感谢。同时，也期望这本书，能够为提升民众的科技素养，培养青少年的科学兴趣做出一份贡献。

张玉涵

2021 年 6 月

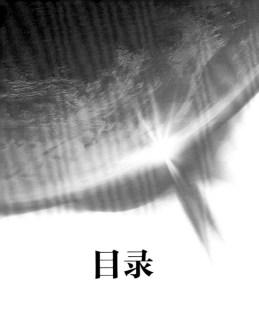

目录

第5章 万物生长靠太阳

第6章 地球周围的诡异事件

第7章 地球忠实伴侣——月球

第 **1** 章

地球家园

我们的家园

"我们的家"是一句最亲切、最熟悉的话。"我们的家在哪儿？"是从幼儿园到小学直至长大成人都会经常问的问题。但是，对不同的人，它的答案是很不一样的。对刚上幼儿园的孩子，父母会告诉宝贝"你的家在这儿！一栋漂亮的红房子，家前面有好多红的、白的、紫色的花儿，还有高大的杨树"；对幼儿园大班的小朋友，爸爸妈妈会告诉他，"记住哦！咱家住在×××街，×××小区，×××楼，××号"；对小学生，老师会谆谆教导孩子们要"爱国、爱家、爱人民"。

有一首让人振奋的歌曲："我们都有一个家，名字叫中国。兄弟姐妹都很多，景色也不错。家里盘着两条龙，是长江与黄河呀。还有珠穆朗玛峰儿是最高山坡……"这个"大中国"就是华夏民族共同的家园，是每个中国人的根。中华民族有长达5000年的历史，我们的祖先世世代代居住在这块土地上，创造了辉煌的文明，给我们留下了960万平方千米的陆地国土和300万平方千米的海洋国土，56个民族，14亿人亲如兄弟，和睦相处，共同守望着这个家（图1-1）。

随着年龄的增长，知识的积累越来越丰

图1-1 中华民族56个兄弟姐妹共同守望一个家

富，家的概念在每个人心中会越来越大，对家的描述会越来越精彩。当你漂洋留学或出国旅游，或事业有成参加国际交流时，你会向外国友人介绍"我的家在中国"；在航天大时代里，也许有一天你和来自美国、俄罗斯的同行们共乘中国的飞船前往月球、火星，乃至更远的天体，你会给伙伴们讲"我们的家在地球"。

地球是人类的家园已经成为当代最时髦的话题之一。在这个地球家园里，有 **233** 个国家和地区，**2000** 多个民族，大约 **75** 亿人，其中包括居住在中国的和分布在全世界各地的近 **15** 亿华人。在这个家园里，中国只是一个成员，从国土面积上讲，也不是最大的成员，在我们北方的俄罗斯，地跨亚欧两大洲，领土面积约 **1710** 万平方千米；在世界最大洋太平洋另一边，加拿大国土面积约 **998** 万平方千米，美国国土面积约 **963** 万平方千米。世界上国不分大小、人不分种族，国家与国家之间、民族与民族之间，不同肤色、不同人种同在一个地球家园里和睦相处，是今天全人类共同追求的理想目标。

地球家园里的成员也不只是人。现代科学常识已经知道地球是一个像橘子的球体，它的南北直径约 **12713.82** 千米，东西最大直径在赤道处约为 **12755.66** 千米，表面积约为 **5.1** 亿平方千米，其中海洋面积约 **3.6** 亿平方千米，陆地面积约为 **1.5** 亿平方千米，海洋面积是陆地面积的 **2.4** 倍，占地球表面积的 **70%** 还多。地球表面也不是光滑平整的，它凸凹不平，高低错落，最高的珠穆朗玛峰（图 **1-2**），高出海平面 **8848.86** 米；最低的地方，太平洋中的马里亚纳海沟，低于海平面约 **11034** 米。在广阔的地球上，还有众多的江、河、湖、海、名山、大川，既装点着多姿多娇的地球家园，也孕育着远比人类数量庞大得多的其他成员。

图 1-2 世界最高峰——珠穆朗玛峰

科学家告诉我们：目前地球上已知的生物有动物界、植物界、真菌界、原生生物界和原核生物界五大类群，其中动物约 **150** 万种，植物约 **37** 万种，包括人们爱吃的蘑菇、银耳、灵芝等高等真菌和危害人类及动物、植物的病原菌约 **12** 万余种，单细胞真核生物和多数藻类等原生生物有 **5** 万多种，像细胞、病毒那类人的肉眼无法看到的原核生物，数量多到根本无法统计。直到现在，人类也没有完全了解这个世界大家庭有多少成员，所以有一门叫生物学的学科，专门研究生命现象和生命活动规律，研究生命系统在各个层次上的种类、结构、功能、行为、发育和起源进化以及生物与周围环境的关系等。

在这个世界大家庭里，有些物种为人类生存提供了资源，人的吃、穿、用、住都离不开它们。水被称为"生命之源"，有水才会有肥沃土壤和适宜居住的环境；有品种和数量繁多的植物，如草、灌木，就能够保证某些动物成员的生存，并为人类提供物质基础。植物还有一大特点，它们能吸收空气中的二氧化碳，并将之转化为氧气，供其他生物包括人类使用。翠绿的草地养育出肥美的牛、羊；五颜六色、千姿百态的花木让人心旷神怡；各类农作物和经济作物为人类提供粮食、蔬菜、水果；牛、羊、猪、鱼等为人类提供优质的奶制品和重要肉食来源；驯服的马、牛、大象等是人类劳作的好助手（图1-3）……所以说，地球上的绝大部分物种都是这个家的重要成员，它们是人类的亲密朋友和伙伴。

图1-3 人类劳作的好助手——大象

还有些物种，比如蘑菇、银耳、灵芝、竹荪等真菌是人们餐桌上的美食，但是同属真菌的毒蘑菇却可以致人丧命；各类细菌、病毒，比如禽流感病毒、埃博拉病毒每时每刻都在生生灭灭，让全世界不得安宁。因此，哪些生物种群是人类的好朋友，可以被人类利用；哪些生物种群是危害人类的坏分子，需要人类想办法对抗，也是分支众多的现代生物学庞大知识体系中的重要研究方向。

并不安分的地球家园

地球作为人类家园的主体，本身也不太安分，当它发脾气时，火山、地震、狂风、暴雨等各种自然灾害都会给人类带来毁灭性的灾难。很多人都知道意大利维苏威火山和庞贝古城的故事：始建于公元前7世纪的古罗马帝国庞贝古城，距离著名的维苏威火山只有10千米，那里本来是人间乐土，城外是绿油油的田庄、茂密的树林、飘香的果园；城内是宽敞的街道、宏伟的建筑、繁华的集市、人群涌动的休闲娱乐场所……可是在公元79年8月24日，由于维苏威火山的

突然爆发，冲天的浓烟，夹杂着滚烫的火山灰，铺天盖地从天而降，瞬间把这座千年古城埋葬在约5.6米厚的火山灰下（图1-4），庞贝一夜之间消失了！留下的是一条条像河流样的焦土地带，一片死寂！直到1800年后，意大利人才偶然发现它，经过近百余年的考古发掘，才让庞贝古城这一惊心动魄的一幕以及许许多多震撼人心、感人肺腑的古罗马人的悲情故事，真实地再现于世人面前。从古至今，火山爆发都是危害极大的自然灾害之一，它的发生和地球的地壳构造、内部能量聚集紧密相关，比如，沿太平洋区域、欧亚非大陆相接区域，都是火山活跃地带，中国的东北和西南都属于多火山区域。

图1-4 庞贝古城遗址（上）和考古发掘再现的灾难现场（下）

有些火山稳定了，不再喷发，被称为死火山；有些表面沉寂，实际内部仍在活动被称为休眠火山；有些非常活跃，几年、十几年就会喷发一次，被称为活火山。

2010 年 4 月 17 日，北欧冰岛埃亚菲亚德拉冰盖火山突然喷发（图 1-5），火山灰蔓延到 6000~7000 米高空，欧洲多个国家受到烟尘影响机场关闭，大量旅客滞留。2015 年 4 月 22 日，智利卡尔布科火山爆发，火山灰高达 20000 米，附近 1500 多名居民撤离，飞往南美洲的许多国际航班受到火山灰影响而延误或取消。2015 年 9 月 14 日，日本九州岛阿苏火山爆发，喷出的浓烟高达 2000 米。2016 年 4 月 3 日，俄罗斯堪察加克柳切夫火山喷发，喷涌的熔岩堆积达 100 至 200 米后，火山灰烟冲到 6000 米高空……这些

图 1-5 冰岛埃亚菲亚德拉冰盖火山正在喷发

活火山的喷发，场面非常震撼。但是，由于现代科学让人类认识和掌握了它的一些规律，能够及时开展人口疏散等措施，所以才避免了一个个类似庞贝古城的悲剧再次上演。

地震也是常见的自然灾害。为什么会发生地震，这得先从地球的结构说起。打个比方，地球就像一枚鸡蛋（图 1-6），但它的最外层是极不规则的地壳，平均厚度只有 17 千米左右，最厚的地方可到 60~70 千米，最薄的海洋部分平均只有约 6 千米。世界上哪

个地方地壳厚？哪个地方地壳薄？只需要记住：地球大范围固体表面的海拔越高，地壳越厚；海拔越低，地壳越薄。在地壳下面是一层由温度高达 1000~3000℃，压力达 50 万 ~150 万个大气压的稠密物质组成，被称为地幔，厚度将近 2900 千米。地球的中心是一个像蛋黄一样的核，它的物质成分，主要是铁、镍两种元素，所以又被称为铁镍核

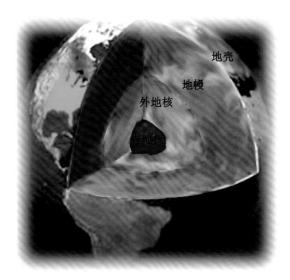

图 1-6 地球结构示意图

心。地核距离地表面 2900 千米到 5100 千米之间的一层物质的密度为 9~11 克 / 厘米^3，可能是处于液体状态，而在地核中心压力可达到 350 万个大气压，温度 6000℃，在这样的高温、高压下形成了一个比钢铁还要坚硬得多的固体核心。

知道了地球的结构，为什么会发生地震就容易理解了。可以想象得到，像蛋壳一样薄薄的一层地壳，而且还厚度极不均匀，内部压力又是那么惊人地大，必然在最薄的地方会发生断裂和错动，在地面造成巨大的震动，这就是地震！地震是地壳板块与板块之间相互挤压、碰撞造成板块边沿及板块内部错动和破裂，是地壳快速释放内部极大能量的过程。

地震开始发生的地点称为震源，震源正上方的地面称为震中，地面震动最剧烈处称为极震区，地面破坏程度叫地震烈度，共分 12 度。地球上每年约要发生 500 多万次地震，但绝大多数都太小或太远，以至于人们感觉不到。真正能对人类造成危害的地震只有 10~20 次；能造成特别严重灾害的地震只有 1~2 次。地震造成的严重灾害包括：人员伤亡、火灾、水灾、有毒气体泄漏、细菌及放射性物质扩散、海啸、滑坡、崩塌、地裂等。1932 年日本关东大地震，造成倒塌与烧毁房屋 71 万余幢；1976 年我国唐山发生 7.8 级大地震，地震中心烈度 11 度。整个唐山变成一堆废墟（图 1-7），有感范围波及重庆等 14 个省、区、市，破坏范围半径约 250 千米，24.2 万人死亡，16.4 万人受伤。

2008 年四川汶川"5·12"大地震（图 1-8），严重破坏地区超过 10 万平方千米，地震中心烈度达到 11 度，波及大半个中国及亚洲多个国家和地区，北至辽宁，东至上海，南至中国香港、中国澳门、泰国、越南，西至巴基斯坦均有震感，共造成 7 万多人死亡，37 万人受伤，有近一万七千人失踪。由地震引起的海啸、火灾、水灾等次生灾害远比地震本身更加可怕，让人犹如面临世界末日。2004 年末，人们正在迎接新年到来，一场发生在印尼苏门答腊以北海底的 9 级大地震，引发了印度洋海啸（图 1-9），海

图 1-7 1976 年中国唐山大地震的震后现场

图 1-8 四川"5·12"地震的救灾现场

浪高达 30 余米，波及范围远至波斯湾的阿曼，非洲东岸索马里、留尼汪、毛里求斯等地，正在海边休闲娱乐的人群，瞬间葬身海底，有近 28 万人丧生，这可能是世界近 200 多年来，死伤最惨重的一次海啸灾难。人类当前的科技水平尚无法精准预测地震的到来，未来相当长的一段时间内，地震也是无法精准预测的，所谓成功预测地震的例子，基本都是巧合。对于地震，我们更应该做的是提高建筑物的抗震等级、做好防御，减少灾害损失。

图 1-9 印度洋海啸袭来的瞬间

除了火山爆发和地震之外，在我们地球家园还会有许许多多、各式各样、防不胜防的其他自然灾害，如泥石流、台风、龙卷风、干旱、洪涝、暴风雪、沙尘暴，以及大

面积的病虫害和瘟疫等，自然界中所发生的各类异常现象都会给包括人类在内的地球生物界造成悲剧性的后果。人类数万年发展历史已经证明，所有的灾害90%跟天气、水和气候事件有关，跟发生在地球周围的自然现象有关。所以，六大自然科学体系中，有一个庞大的、分科复杂的地学，我们从地球结构、物质组成、地壳运动到地球环境、地球水文、地球气象等各方面，进行全方位研究，认知相关自然现象的发生、发展以及尽可能减小它们造成的危害和探寻对抗自然灾害的策略，营造一个安乐、和谐的地球家园，保障人与自然相安。

地球在哪儿

地球是我们的家园，那么地球又在什么地方呢？这是从古到今人们最想知道的问题之一。

每当遇到天气晴朗的夜晚，人们仰望天空，茫茫苍穹深邃而不着边际，满天闪烁的星星，数也数不过来，还有月亮，像一只银色盘子高悬头顶，显得特别美丽（图1-10）。当太阳从东方升起，天空开始飘浮着五彩云朵，星星、月亮渐渐隐去，地球迎来新的白天，火红刺眼的太阳从东向西移动，最后落下西边的山头，星星、月亮回到天空，地球又迎来新的夜晚，年年岁岁、日日月月，周而复始……这就是地球人类肉眼能够看到的宇宙全景！所以古代的人认为地球在宇宙的中心。他们看到天上的星星、月亮和太阳都在围绕地球转动，在夜间能够看到满天星斗；白天能够看到刺眼的太阳。希腊神话更形象地编出一个太阳神阿波罗，他晚上睡觉，白天就驾着太阳车从东方驶向西方。这种认为地球是宇宙中心的"地心说"（图1-11）统治了人类将近2000年。

其实，早在2300年前，就有个名字叫

图 1-10 地球美丽的夜空

阿里斯塔克斯的古希腊人，根据对日食、月食等天体现象的观察，认为地球比太阳小，比月球大，月亮和地球都应当是围绕太阳转的。可是这个观点并不被当时的大多数人认可，一直到距今约500年前，另一个欧洲人——波兰的天文学家哥白尼，经过20多年的细心对天观察，发现唯独太阳的周年变化不明显，由此他推断宇宙的中心应该是太阳，地球应该是在绕着太阳转，他在1543年发表了一部不朽名著《天体运行论》来阐述"日心说"理论模型（图1-12）。

刚刚提出日心说时，并没有改变大多数人心中的地心说传统观念，直到1609年，意大利科学家伽利略发明了天文望远镜，通过望远镜观测到新的天文现象后，日心说才

图 1-11 托密勒的"地心说"宇宙模型

图 1-12 哥白尼的"日心说"宇宙模型

开始引起人们的关注。日心说正确定位了太阳和地球的关系，改变了人类对宇宙的认识，推进了近代天文观测的发展。但是，它和地心说一样，对宇宙的认识同样是错误的，因为今天人人都知道，太阳也并非是宇宙的中心。

近一百年来，现代科学得到迅速发展，一代又一代更新的先进天文观测仪器设备，几乎能够看到整个宇宙，一门研究天体的大学科迅速发展，经过长期观察、研究，产生了对宇宙的最新认识：真实的宇宙之大，一般人难以想象。打个比方：当春夏季节出现一场大的沙尘暴时，你能够数清楚悬浮在空中的沙粒吗？科学家告诉我们，现在能够看到的宇宙范围半径约有 **138** 亿光年（"光年"是天文学中的距离单位，按每秒 **30** 万千米的光速行进一年的距离被称为 **1** 光年）。在这么大范围内，像太阳一样发光、发热的恒星就可能多达 **700** 万亿颗，而太阳还仅仅是其中的一个小兄弟，它处在银河系中，银河系中像太阳一样的恒星大约有 **2000** 多亿颗。

晚上抬头望见满天星星，其中有一个密密麻麻的亮带，在这个亮带两边是中国古代传说中的牛郎星和织女星（图 **1-13**），中国人形象地称那个亮带为银河。实际上，银河只是无边无际的宇宙太空中的一个星系，整个星系像一个中心略鼓的大圆盘，直径约为 **10** 万光年。像银河系这样的星系，在宇宙中至少有 **1000** 亿~**2000** 亿个，所以天上星星有多少，是没有人能够说得清的。人们通常从地面能够看到的星星，绝大部分都是星系和组成星系的恒星。组成恒星的物质既不是固态，也不是液态、气态，而是一种被称为第四态物质的等离子体，它们处于极度的高

图 1-13 夜间看到的银河系星空
（幻想的牛郎织女星空图）

温状态，所以能够发光、发热。

　　恒星的体积都很大，有的比太阳还要大几百、几千、几万倍，我们看到它们那么小，是因为它们距离地球太远、太远，远到就是按光的速度从我们地球到它那儿，少则也得几年、几十年，多则要上万、上亿年。白天为什么看不到星星，那是因为强烈的太阳光遮挡、淹没了那些来自遥远宇宙空间的、已经变得非常微弱的星光。由于这些星星距离地球太遥远了，在没有特殊的观察仪器情况下，在地球上很难看到它们在天上位置的变动，误认为它们是不动的，所以称它们为恒星。太阳因为距离地球相对较近一些，所以看起来要比那些星星大得太多太

多，而且由于地球在由西向东不停地自转，从地球上看太阳，就好像它在从东到西运动。

　　满天星星当中，也包括围绕恒星转动的行星。不过，由于行星自身是不发光的，它们在天空中的位置很不固定，很难在地球上肉眼看到，只有和地球一样围绕太阳转动的，距离地球较近的金星、火星等，依赖它们反射的太阳光才能够被人们看到。中国人称火星为荧惑星，称金星为长庚星或太白金星。太阳系的行星除地球、金星、火星之外，还有水星、木星、土星、天王星、海王星，被称为八大行星（图 **1-14**），此外，有不少矮行星围绕太阳转，以及数不清的小行星分布在绕太阳转动的小行星带轨道上。

　　月球，中国人给它的爱称叫"月亮"。它是地球上肉眼能看到的，几乎和太阳一样大的天体，其实，月球的个头比太阳小很多，它还没有地球大，太阳的直径大约是 **139.2** 万千米，比地球大 **109** 倍，月亮的平均直径才约 **3476** 千米，是地球直径的 **3/11**，但是由于太阳和地球平均距离为 **14960** 万千米，月球和地球平均距离才 **38.4** 万千米，二者相差近 **390** 倍，所以从地球上看到它们好像大小差不多。论"辈分"月球也是小字辈儿，因为它只是地球的一颗天然卫星，始终不离不弃地围绕着地球转动，就像是地球的忠实卫士，所以称它为地球卫

图 1-14 地球的正确位置

星。在浩瀚的宇宙空间，凡是围绕某颗行星转动的天体，都被称为卫星，是那个被围绕的行星的卫星，一颗行星可能会有一颗或多颗卫星。例如，地球只有一颗自然卫星——月球；火星有"火卫1"和"火卫2"两颗自然卫星；天王星有27颗卫星；木星有79颗卫星；天文学家最新发现土星不仅有人们熟知的土星环，它还有多达82颗的卫星，也就是说，如果你到土星上去，你能看到82个"月亮"。一般是行星体积越大，卫星数量会越多，但是由于卫星不发光，而且在不停地围绕它的主星转动，在浩瀚的宇宙太空中，不借助特殊仪器，人们很难发现它们。

好了！现在我们应该清楚地球在哪儿了！地球只是宇宙中一个像小沙粒儿一样的行星，她处在银河星系的太阳系中。银河星系也只是整个宇宙空间中运动着的，一个不算最大的星系；太阳系也只是银河系中一个不算最大的恒星系。地球在太阳系中，得天独厚，占据在距离太阳不近、不远的位置上，围绕太阳转动，太阳给予她适中的光和热，孕育了地球上的万千生灵。还有一个月球，忠实地围绕她转，守候在旁充当反射镜，把强烈刺眼的阳光变得柔和、纯洁，为地球的黑夜增添了万千娇媚。

从太空看家园

在人类数万年的文明发展历史长河中，很长一段时间，都只能站在地面上去看天，而无法看到自己地球家园的完整容貌。20世纪50年代以来，先进的科学技术使得人类可以挣脱地球引力的约束，借助火箭把卫星、飞船等发射到太空中去，人可以乘坐飞船围绕地球转动或飞到月球上去，甚至可以到更远的天体去。一些人造行星探测器，已经可以飞出地月空间，到遥远的木星、土星，甚至飞出太阳系去对其他天体进行考察、探测，去探索宇宙深空的奥秘。走出地球，在浩瀚的宇宙太空回眸，看一看地球家园的真容，已经不是难事。但是，当我们看到那些站在宇宙太空中所拍摄的地球照片时，不能不为地球的风采感到几分惊诧（图1-15）。哦！原来我们的家园是如此亮丽、迷人！

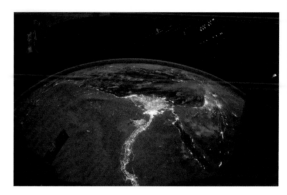

图1-15 从空间站上看到的东北亚地区

人人都知道"站得高，看得远"。当你站在高山顶上，你的视线不受遮挡，你就可以看得很宽、很远；如果你是航天员，有机会在国际空间站上回看地球，由于国际空间站的飞行轨道高度为300~400千米，你能够看到地面上几百到几千千米范围的大片地区。如果卫星处在地球同步轨道上，其高度大约是36000千米，卫星的轨道周期等于地球自转周期，在那里能看到整个地球的1/3地区（图1-16），一眼能够看到整个中国和太平洋的一部分，这就是为什么有3颗地球同步通信卫星，就能够实现全球全覆盖通信的道理。

月球距离地球平均约38万千米。2015年10月12日月球勘测轨道探测器（LRO）拍摄了一张在月球地平线上升起的地球图像，在那里看到的地球就像一个彩色青花瓷盘高悬在空中，她远比在地球上看到的月亮漂亮。如果你乘坐行星际飞船再到更远的地方回眸

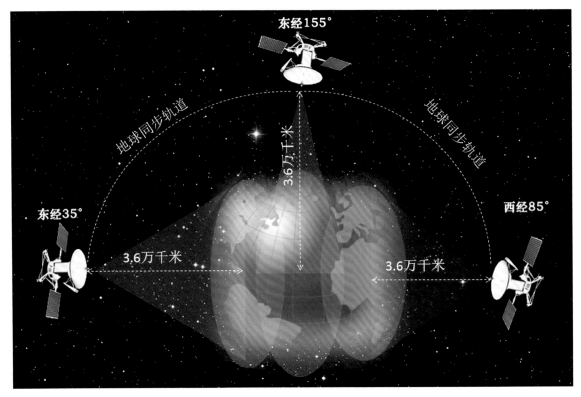

东经155°

地球同步轨道

3.6万千米

地球同步轨道

东经35°

3.6万千米

西经85°

3.6万千米

图 1-16 三颗地球同步通信卫星可以覆盖全球

地球，会看到你不可想象的场景。2015 年 7 月 15 日深空气候观测台上的摄像机，在 160 万千米处从月球背面给地球、月球拍摄了一张"合影"（图 1-17），从这张照片上看，你

还会赞美月亮的明媚吗？地球的倩影深深征服了你的眼球。

乘坐舒适的人空飞船继续远征，到土星，到太阳系外，我们的家园在你的镜头

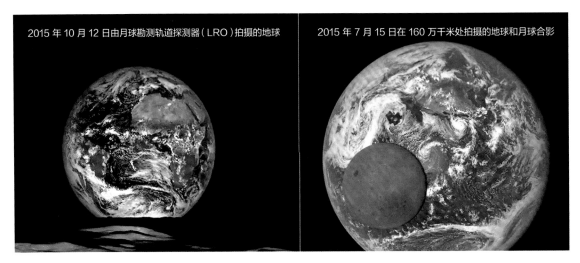

2015 年 10 月 12 日由月球勘测轨道探测器（LRO）拍摄的地球

2015 年 7 月 15 日在 160 万千米处拍摄的地球和月球合影

图 1-17 不同空间位置拍摄的地月倩影

下，逐渐变小，变成一个你已经无法分辨的、小小的米粒；当有一天你成为火星居民时，由于火星距离地球有 5500 万千米，地球在照相机的镜头里变成了一个和你在地面上看火星一样的小星星（图 1–18），只不过她会比火星更具荧惑，她闪烁着微微的蓝光，不断向你递送秋波，告诉你她才是你的家园。所以，地球和天空中的点点繁星一样，是宇宙中数不清的自然天体中的一个并不算大的行星。

宇宙中类似于地球这样的行星有多少？

没有人能够说清楚。因为几乎 90% 以上的恒星，都会有不止一颗围绕它转动的行星，单在银河系里就有 3000 多亿颗恒星。但是，科学家告诉我们，能够孕育生命的行星，至少应当满足以下三个条件：第一，要有一颗不大不小的恒星提供光和热；第二，这颗行星要距离恒星不远又不近，保障行星表面温度不会过高，也不会过低；第三，这颗行星上还应当具备碳、氢、氧、氮、硫等这样一些创造生命的元素。在银河系中，符合这三大条件的行星大约有 4 亿多颗，但能够像

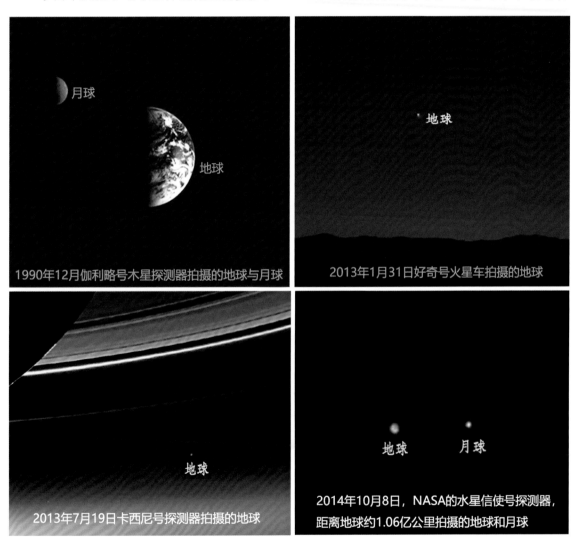

1990年12月伽利略号木星探测器拍摄的地球与月球

2013年1月31日好奇号火星车拍摄的地球

2013年7月19日卡西尼号探测器拍摄的地球

2014年10月8日，NASA的水星信使号探测器，距离地球约1.06亿公里拍摄的地球和月球

图 1-18 在不同距离的太空看到的地球

地球一样进化出智慧人类的行星至今没有发现，所以关于外星人的传说，仅仅是一种猜测，是科学幻想故事。

地球的漂亮外衣

地球为什么能够孕育生命，正是因为她得天独厚地居于太阳系中一个最适宜的轨道上（图1-19），满足了孕育生命的三个基本条件。俗话说"万物生长靠太阳，雨露滋润禾苗壮"，阳光和水是养育生命物种的必备条件，太阳给地球温暖和阳光；地球平均温度在15~20℃，在这个温度下，丰富的水为地球生命提供了滋润；地球上已知的自然元素有112种，大部分是固体物质，只有11种是气体物质，其中不乏碳、氢、氧、氮、硫等孕育生命的物质元素，这些条件为地球上生命的繁衍与生存创造了最佳环境。

同样是在太阳系中，如果地球不是在她现在的轨道上，而是更靠近太阳，或更远离太阳，她都不会孕育出丰富的生命物种。

例如，最靠近太阳的水星和远离太阳的木星。水星距离太阳只有约579.1万千米，在强烈太阳光照射下，表面温度高达400℃，滋养生命的水根本无法固化。木星距离太阳有77800万千米，太阳光照射到它那里很微弱，表面温度低达-170℃，现有科学探测成果认为，它是一颗由氢元素组成的气态天体，物质密度只有每立方厘米1.3克，根本不具备孕育生命的可能。

地球上万千生物物种能够欣欣向荣，代代繁育传承，还有一个重要原因是，她有一件漂亮的外衣——地球大气层。地球大气层有2000~3000千米厚（图1-20），其主要组成是氮气占78.1%，氧气占20.9%，氩气占0.93%，还有少量的二氧化碳和氦气、氖气、氪气、氙气、氢气等稀有气体及水蒸气。这个保护着地球的大气层，就是为地球生命遮风挡雨的大屋顶、大保护伞。大气层能够把强烈的太阳光减弱，使阳光变得柔和一些；能够吸收大部分来自太阳的、对生物

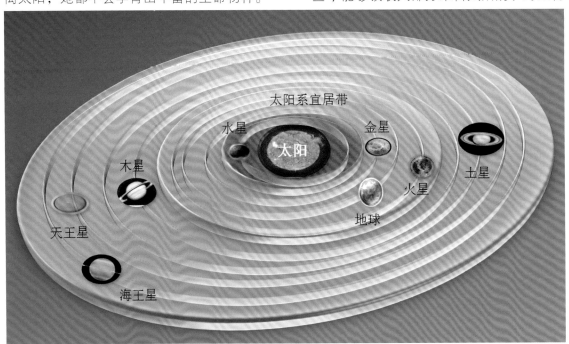

图1-19 太阳系宜居带示意图

有杀伤力的紫外线，又恰如其分保留了一部分有利于生命繁育的光照。地球大气层还像一台巨大的空调器，能够让地球表面维持相对稳定的气温和水分。大气层更重要的是能

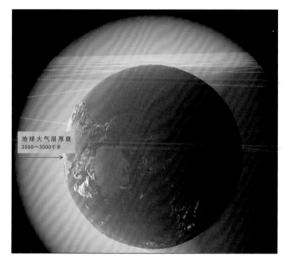

图 1-20 地球大气层示意图

够有效地阻挡来自宇宙空间的暴风雨。这个"暴风雨"不同于地面上的暴风雨，风是太阳风和宇宙风，雨是流星雨。

太阳是一个巨大的"核反应堆"，当产生剧烈爆发活动时，会释放大量带电粒子，形成高速粒子流冲向地球，严重影响地球空间环境，破坏臭氧层，干扰地面无线通信，对人体健康造成危害。

宇宙中的其他星体和星系也是在不停运动的，它们各自向外飞散时，涡流气体与辐射相互作用会形成强大的、人像汹涌的海潮一样的风暴，当这种风暴吹向地球时，同样会威胁地球的安全，造成巨大的灾害，如计算机瘫痪、通信中断和电力网毁坏等。

流星雨是宇宙空间中，太阳系外天体新生和死亡，或者相互剧烈撞击所产生的大量"无家可归"的小行星，它们会像一群"流浪者"撞入地球引力范围，高速地像雨点般飞向地球，成为地球最危险的不速之客，为地球带来重大灾难。由于有大气层的保护，绝大部分微小流星都会在进入大气层时被烧毁，只有那些个头较大的小行星，没有被完全烧毁而坠落地面，这就是陨石（图1-21）。在浩瀚的宇宙空间，特别是太阳和地球之间，看似平静、寂寞，实际上它无时无刻不在发生着轰轰烈烈的自然物理现象，地球大气层恰到好处地发挥着保护伞的作用，把发生在地球周围的那些事儿遮挡住，让它不对地球产生伤害。

图 1-21 发生在俄罗斯的一次陨石坠落现场照片

地球的邻居

在太阳系中，还有两个值得特别关注的地球邻居，一个是处于地球轨道内侧的金星，另一个是处于地球轨道外侧的火星，它们距离太阳分别是 10820 万千米和 22790 万千米，也应当算是距离太阳不远也不近，而且它们都是固体行星，所以科学家们认为它们和地球一样都处于太阳的"宜居带"内，具有孕育生命的基本条件。但是，天文观测发现，它们都没有地球这样理想的大气层。金星大气层是一件"厚皮袄"，大气密度是地球上的 100 倍，大气压力是地球上的 90 倍，大气成分 97% 以上是二氧化碳，基本上没有大多数生命所需的氧气，还有一层由浓硫酸组成的浓云，厚达 20 ~ 30 千米，这

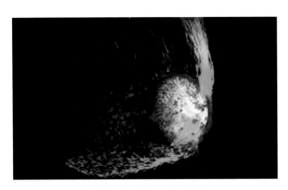

图1-22 火星遭遇太阳风洗劫的形象图

样极端的大气层,二氧化碳和浓云只许太阳光通过,却不能够让热量散发到宇宙空间,被封闭起来的太阳辐射使得金星表面变得越来越热,表面温度高达465℃至485℃,这就是所谓的温室效应。金星上这样强烈的温室效应环境,类似地球上的生命现象根本无法存在。

火星的大气成分虽然和地球比较相似,但大气的密度不到地球大气的1%,表面大气压力为500~700毫帕。因此,火星穿的是一件"单薄而且破旧的外衣",在这件外衣下面的火星很难抵御宇宙暴风雨的袭击(图1-22),很难像地球一样保护其他的生命物种。

但是,最新的探测成果发现,火星上曾经有过水的痕迹,现在也还可能有地下水或固体的水冰存在,如果这些发现能够得到证实,那么火星上存在某种生命物种的可能性就会很大。近年来火星探测、载人登陆火星的航天活动格外活跃,通过对火星的精细探测,甚至载人登上火星进行实地考察,希望利用地球人类的智慧去改造火星,修补好火星大气层这把破旧的生命保护伞,使火星能够成为地球人类的第二家园是地球人类长远的愿景。

第 2 章

地球的第一道屏障

带魔力的石头

在 2000 多年前的战国时期，中国人首先发现有一种带"魔力"的石头，这种石头对铁器就像母亲对儿女一样亲和，所以称为"慈石"。当 20 世纪现代科学传入中国，人们对"慈石"的研究证明，它是一种具有磁性的铁矿石，才改名为磁石。这种天然的磁石，主要成分是四氧化三铁，所以更科学的名称应当是磁铁矿。由磁铁产生的磁现象对于大多数人来讲，并不陌生，在日常生活中用一块磁铁，把小钥匙、小铁勺、小别针等吸起来；用磁铁当工具去寻找掉在地上的针等是孩子们最感兴趣的事儿。磁铁为什么能

够具有磁性？是因为它的内部分子结构都按照相同方向顺序排列。而一般的铁内部分子结构排列混乱，取向不一，相互影响故显不出磁性来。但是，如果通过外加力引导来改变铁的内部分子排列，使它取向一致，就会显出磁性来了。例如，把一支铁质小螺丝刀放在一个 U 形磁铁中间，隔一段时间后它就会变成带磁性的了，这就是"磁化"。用磁化过的螺丝刀来拆装螺钉会很方便。

如果我们用一个盒子装上铁粉，把一条磁棒放进去，再拿出来，我们会发现在磁棒两端吸附的铁粉最多（图 2-1），而磁棒的中间铁粉很少，几乎没有！这是为什么呢？因

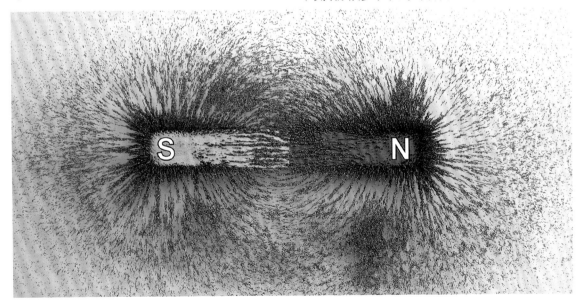

图 2-1 磁棒两极演示图

为磁棒两端吸力最强，被称为磁极，磁棒中间吸力最弱。两个磁极有相反的极性，你可以拿两条磁棒做一个有趣的实验：将两条磁棒的一头相互靠拢，会发现它们会相互吸住（图2-2）；将其中一条磁棒倒过来，再重复刚才的动作，会发现两条磁棒头相互排斥。相互吸引说明这两个磁极的极性相反，相互排斥说明这两个磁极的极性相同，这就是所谓的"同性相斥，异性相吸"。无论是吸引或排斥，都是因为在磁极周围有一种被称为

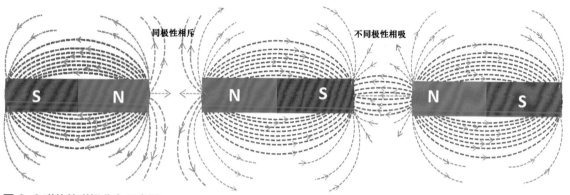

图 2-2 磁体的磁场分布示意图

磁场的特殊物质产生的力的作用。

谁能指引方向

如何辨别方向？我们的祖先早在2000多年前就发明了司南（图2-3）。在一个托盘里放上一只光滑的，用"慈石"做成的勺子，那个勺子会自己转动，它的勺柄总是指向南方，于是人们就能够辨别方向了。现在我们常见的指南针，有了改进，勺子变成两个尖尖的小指针，安装在一个有刻度的盒子

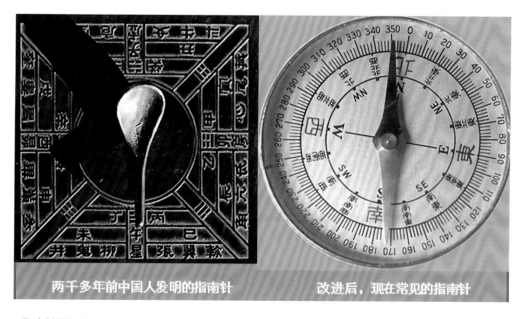

两千多年前中国人发明的指南针　改进后，现在常见的指南针

图 2-3 指南针的形态演变展示图

里，那两个指针也是能够自由转动的磁体，当它们静止时，总是分别指向地球的南、北方向。

指南针能够指示方向，就是利用两个磁体间"同性相斥，异性相吸"的原理。因为，地球本身也是一个具有磁场的天体，可把它看成是一个大磁体，它的两个磁极位置分别在地球的地理北极、地理南极附近。在这两个磁极之间连一条假想直线，被称为磁轴，而地球的地理北极和地理南极是地球自转轴的两个端点。地球磁轴相对自转轴大约有 **11.3** 度的倾斜。

根据"异性相吸"的特性，指南针磁体会被地球磁场力作用，始终指向地球的南（south）、北（north）磁极，所以一个磁体的两个磁极分别简称为 S 极和 N 极，指向地球南磁极的一端是 N 极；指向地球北磁极的一端是 S 极（图 2-4）。其实，指南针更科学的名称应叫"指北针"，因为地磁场力方向是从北磁极（地理南极）发出，从南磁极（地理北极）进入。

虽然我们可以把地球比喻成一个简单的磁球，来说明利用指南针能够指示方向的基本原理。但是，实际的地磁场却比简单的磁体复杂得多，科学家告诉我们，地磁场的组成可以分为两部分，一部分是比较稳定的基本磁场；另一部分是相对微弱的，却是变化的磁场，所以在不同时间、不同地点的磁场是不同的。

即使是比较稳定的基本磁场，在地球不同地方的强弱也不相同，两个磁极附近最强，磁力线相对于地球南、北方向的偏差（磁偏角）和相对于地面水平线的倾斜程度（磁倾角）也不相同（图 2-5），相邻两个地方

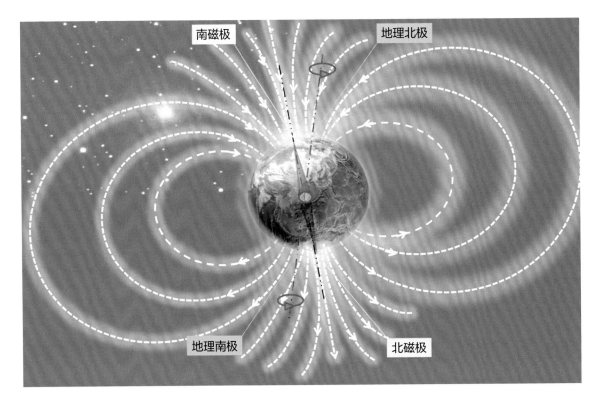

图 2-4 地球磁极示意图

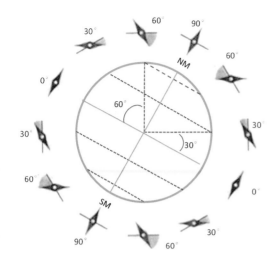

图 2-5 地球不同纬度上磁场的倾角示意图

总有微小的差别。磁场强度、磁偏角和磁倾角被称为地磁场的三大重要参数。

在地球上的任何地方，使用简单的指南针来判别方向都会由于地磁场的不均匀性，不能够得到精确的地理方向，还需要按所在地的实际地磁场参数进行修正。记录地球表面各个地点的地磁场重要参数和变化规律的是地磁图，是用来修正简单指南针测量结果的必备工具。中国近代地磁学研究的奠基人陈宗器（1898～1960）在20世纪30年代开始在中国各地区组建地磁观测台，并进行野外实地测量，1950年他亲自组织了中国第一本地磁图的编制工作，为新中国的经济建设和国防建设做出了重要贡献。

地球抵挡风雨的外衣

我们的地球是个巨大的磁体，不仅在地面有磁场，周围空间也存在磁场，这个磁场是地球美丽外衣的一部分。但是，地球同时又是太阳系行星家族中的一员，所以它的地磁场不可能是孤立的，它会受到周围邻居的干扰，特别是处于太阳系家族"家长"地位的太阳，它的活动必然会对地球所在的行星际空间产生影响。例如，太阳最外面一层会向空间抛射出高温、高速、低密度的粒子流，科学上称它为太阳风。

太阳风的主要成分是等离子体，而且还具有磁场。太阳风磁场和地球磁场碰撞时，好像要把地球磁场驱赶开去，这就像刮风天气你站在野外，强劲的风向你扑来，撕扯着你的衣服一样（图2-6）。尽管受太阳风的袭击，地球磁场被压迫成了一个被包围的，像彗星尾巴样的地球磁场区域，但它却有效地阻止了太阳风对地球的直接侵袭，保护了地球不至于"赤身裸体"地被太阳风蹂躏。图

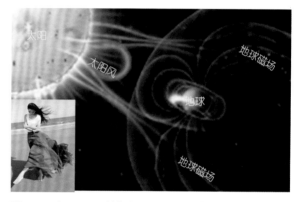

图 2-6 太阳风影响地球磁层比喻图（太阳风对地球磁场的压迫就像大风掀起人的衣服）

2-6是科学家描绘的，在太阳风压迫下的地球磁层图，你看它和左下角那个人站在大风中的衣服形态多么相似！

科学上把地球空间磁场这个彗星形状的区域称为地球磁层（图2-7），它从位于地面600～1000千米高处开始向外太空延伸：向着太阳一面，在太阳风的压制下，地球磁层大约只到距离地球5万～7万千米处，当太阳活动剧烈时，甚至只到3万～4万千米处。但在背着太阳的一面，由于不受太阳风的影响，地球磁力线可以向太空延伸到很远很远，达到几百个甚至一千个地球半径（地球半径约6371千米）的距离，形成一条长长

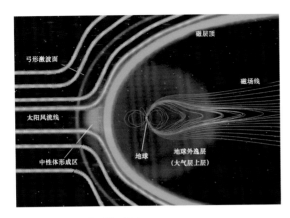

图 2-7 地球磁层模型图

的尾巴。地球磁层外边界，向着太阳面被称为磁层顶，而那条长长的尾巴被称为磁尾。在地球磁层的保护下，地球不受来自外太空的宇宙射线，特别是太阳风的侵害，人类及地球上的许多生物才得以安全。

太阳风袭击地球的一个典型自然现象，是经常出现在地球南、北极附近的极光。地球南、北两极高纬度地区，人们有时会在晚上看到，天空中有一种神奇、绚丽多姿的，五颜六色的光带（图 2-8），那就是极光——太阳风吹向地球时，带来的带电粒子进入地磁场后，由于磁场的作用，带电粒子逐渐偏向地磁场，沿磁力线方向做螺旋线运动，最终降落到地球两极上空的大气层中，使大气层中的分子电离发光。

图 2-8 在靠近北极的阿拉斯加观察到的极光

地磁保护地球生命

现代科学观测发现，地球磁场并不算强，平均地磁场强度只有 50000~60000 纳特，但对于地球上的人和其他生命来说，却非常重要。因为，地磁场就像是一把撑开的大伞，保护着地球，减少了来自太阳和外太空的宇宙射线侵袭，如果没有地磁场的保护，强烈的宇宙射线将会杀死地球上的一切生命。所以，地磁场和空气、阳光、水和温度一样重要，是维持地球生命的基本条件之一。

地球上的许多生物都会受外界磁场影响而改变其生长情况、生命活动和行为习性。科学家在古生物研究中发现，当地球磁场减弱时，地球上的一些生物会大量减少，甚至灭绝。在现今的许多生命物种中，如海豚、海龟、鲸鱼、候鸟等迁徙性动物，由于身上都有一个辨别方向的磁性器官，会利用地磁场来判别方向（图 2-9），保证迁徙路线的正确，维持其生息、繁衍习性。

图 2-9 大雁依靠脑袋内的磁体实现定向

人是地球上唯一的智慧生物，但人也和许多动物一样，许多生活习性，乃至健康状态都会受到地磁场的直接影响。例如，人在睡觉时，头朝南或朝北方向容易入睡，睡得踏实，有利健康（图 2-10）；头朝东或朝西方向容易失眠，睡不踏实，不利健康。这是因为人的南北方向睡姿，保持了身体内血

图 2-10 睡眠姿态顺应地磁方向有利健康

液中的离子流动方向与地磁场方向一致，地磁场对离子作用力，血液流动最为顺畅，可以减少血栓等疾病发生。有人说，处于东西方向睡姿时，血液中的离子会在地磁场作用下产生沉积，引发一些心血管疾病，但目前还没有充足的实验验证。此外，人的一些疾病，如高血压、心脏病、中风等与地磁场也紧密相关，地球磁场的微弱干扰都会使心、脑中的生物电活动发生重大变化。

地球是太阳的行星，它每天自转一周，每年绕太阳转一周。地球还是一个磁体，它的磁场和磁倾角的大小，受太阳活动影响，随昼夜、季节的变化而发生改变。当太阳活动剧烈时，地磁场的大小和方向会突然发生剧烈的、跳跃的、不规则的变化。这些变化都会对地球上的生物包括人产生影响。例如，地磁场的突然变化，可能使老年人产生脉搏加速、动脉压增高等症状，进而造成人体心血管意外事故发生率和死亡率显著上升。人体内的神经系统、免疫系统、内分泌系统和生殖系统的细胞对磁场的作用最敏感，在地磁场剧烈变化的作用下，神经系统内细胞间的信息传递系统失灵，大脑的整个工作瘫痪，最后可能导致人的行为异常、失去记忆和对周围发生的事件无法进行正确判断等。

任何事情有利就有弊，地磁场对地球生物的影响也是如此。人类通过对地磁现象的长期观察和认识，懂得如何利用地磁现象，克服其不利影响，进而促进文明发展和保障人的健康生活。例如，人们发现稍高于地磁场强度的磁场可以起到保健、治病的作用，可以增加动物的体重、体力，可以使农作物发芽早、产量高。所以，中医常用磁石作为治疗某些疾病的药物，现代医学中的磁疗技术（图 2-11），对腰肌损伤、血管瘤等也有较显著的疗效。人们甚至利用地球上某些地区的地磁异常，开辟休闲养生场所，提供服务。

图 2-11 广泛使用的磁疗技术

地磁异常可以利用

在人类社会发展的历史长河中，人们很早就懂得利用地磁现象。例如，由中国人发明的指南针和航海时代广泛应用的罗盘，都是通过测量地磁以确定方向的工具。现今在太空中有许多人造卫星、飞船、空间站以及飞往行星际空间的探测器，在这些飞行器中，有一类常用的仪器"磁强计"，是测量航天器姿态信息的重要仪器，通过它来判别卫星、飞船在轨道上的飞行姿态是否正确，为飞行器的操作控制提供依据。还有一类磁强计，可以用来测量地面上地磁分布的变化。通常情况下，地磁场的变化有一定的规律，相邻两个区域的地磁变化不会很大，甚至可以说是非常微小。但是，如果在某一地区出现异于常态的情况，地磁场的变化就会非常明显。

我们很多人都知道，在北大西洋有一个"百慕大"三角地区，那里经常发生一些奇怪现象：飞机、轮船进入那个区域会突然失踪，因此被人们称为"魔鬼三角"。在我国四川也有个叫"黑竹沟"的地方，隐藏在小凉山中段的密林深处（图 2-12），那里重峦叠嶂，溪涧幽深，迷雾缭绕，是从未被世人打扰过的原始生态。这本来是旅游、休闲的好去处，可是由于古往今来的许多神奇传说和当地彝人对这块土地的神奇崇拜，让那里成为人们不敢涉足的禁地。1950 年解放军进军大西南，一股国民党胡宗南残余部队 30 多人，仗着武器精良，企图穿越黑竹沟逃窜，入沟后却神秘失踪，无一人生还，"死亡之谷"的名声由此传开。

图 2-12 中国的"百慕大"——四川黑竹沟风景区

新中国成立后，为了开发落后山区，多次派遣勘探队、测绘队等对当地进行实地考察，同样是进入山谷后，莫名其妙地发生人员死伤和失踪事件……一个中国的"百慕大"被传得越来越神奇、越来越恐怖。

难道百慕大、黑竹沟这样的地方真有鬼魔？当然不是！专家们对这些地方都进行过科学考察，发现原来都是地磁异常在作怪。飞机、轮船进入百慕大地区，因为地磁异常，测量方位的仪器失灵、通信中断，甚至给出错误的方位指示，大自然给航行者设下了一个死亡陷阱（图 2-13），导致飞机、轮船发生灾难性事故，葬身海底。

图 2-13 百慕大地磁陷阱想象图

中国科学家通过对四川黑竹沟长期的考察，也终于揭开了那里的恐怖之谜，同样是地磁异常在作祟。一般人进入山谷后，复杂的地形，多样化的动、植物生态环境和气候条件，加上地磁异常，使得人的意志判断能力错乱、迷失方向、心理精神状态失常，进而导致人被困死、饿死或摔落深山峡谷，尸骨难寻。

在地球上，许多地方都有类似百慕大、黑竹沟这样的地磁异常现象，专家们在考察中发现，最直接的地磁异常反应就是指南针一类的仪器不能正常指向南北方向，甚至磁针变成直立状态，相关电子仪器设备也无法正常工作。科学家们指出，某个地区如果出现地磁异常，必然有外部因素影响到地球磁场，就好像在一个磁棒旁边，再放上另一个磁性物体，磁棒原来很规则的磁场就会发生改变一样。

四川黑竹沟的地磁异常又是什么因素

引起的呢？专家们实地测量发现，在黑竹沟长达 60 千米的范围内，地磁异常情况非常显著，异常幅度大多集中在 500 纳特左右，局部可达数千纳特，在石门关玄武岩区，地表测量的差异值甚至达到 4000 纳特（图2-14），而正是石门关含磁铁矿的玄武岩地质结构造成了黑竹沟的神秘。

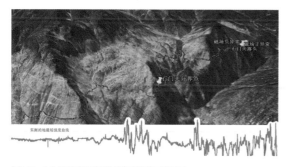

图 2-14 四川黑竹沟地磁测量线图

黑竹沟的神秘面纱揭开了，利用当地地磁异常和丰富的物产资源，为人们又新添了一个旅游疗养好去处。特别是那里的温泉，含有锶、锂、硼、氟、偏硅酸、硫化氢、氡、金等多种微量元素，达到国家医疗矿泉水标准，经国内外临床研究，此种温泉水对运动神经系统、心血管疾病、糖尿病、痛风、妇科病、皮肤病、性病以及铅、汞类慢性重金属中毒等均有疗效。黑竹沟已经从"魔鬼谷"变成了人们休闲度假的好去处（图2-15）。

图 2-15 新建的四川黑竹沟旅游度假村

既然地下带磁性的矿物质是造成地磁异常的原因之一，那么用磁强计测量地磁的异常变化，就成为寻找铁、钴、镍、金以及石油等地下资源的重要手段之一。同样，如果地下有人工建筑或集中的铁性物质，也会影响该地点的地磁测量结果，所以考古工作者可以用地磁测量方法来探测古墓葬、地下古建筑以及海底沉船等。军事上也普遍应用地磁仪来探测地雷，从空中探测敌方隐蔽的坦克、大炮等军事部署。随着科技进步，地磁物理探测的应用会越来越广。

地震是地球上的重大灾害事件之一，对地震的预报一直是科学上的难题。但是地磁学家通过长期的观察研究发现，地壳中的岩石有许多是具有磁性的，地震发生时，这些岩石受力变形，它的磁场也会随之变化。所以在强烈地震前夕，地磁感应强度、磁倾角等都会发生变化，造成局部地磁异常，如果利用测量仪器不间断地监测，实时发现地磁变化出现的突然异常，通过规律性统计就有可能对地震做出预报。

地磁学作为地球科学的一个专门学科，随着科学技术的进步，其研究范围和研究方法不断向相邻学科延伸。例如，利用先进的航天技术，到地球周围空间直接探测地球磁层的变化、探测太阳活动对地球磁层的影响，进而更准确地掌握和认识地球磁场的变化规律，为服务于人类防灾、减灾、开发地球资源，促进社会发展等各方面做出贡献。

磁场的孪生兄弟 —— 电场

人类对自然的认识，往往是一个循环、迭代的过程。譬如，2000 多年前，中国人被一种带吸引力的石头激发了兴趣，进而发现了磁现象。18 世纪，欧洲人发现了物质相互摩擦能够产生电的现象。1752 年，被美国人称为"民族之父"，参与过《独立宣言》起草的本杰明·富兰克林——就是头像被印在100美元钞票上的那位大叔，他是一位了不起的人，既是政治家、外交家、文学家，还是一位出色的大科学家，他在现代电学方面的贡献，并不亚于他在社会政治学方面的成就。

在18世纪以前，人们普遍相信天上的雷、电是上帝在发怒。富兰克林虽然也是教徒，却不相信这种说法。因为，在一次关于电的实验中，他的妻子丽德不小心碰了他做实验的储电装置，顿时引起一声轰响和一道闪光，随即丽德尖叫一声倒在地上。富兰克林赶忙扶起妻子，却被刚才发生的轰响和闪光吸引住了，站在那儿发愣……这件事使他联想到天上的雷声和电光，是不是也和地上的电是一样的？为了证明这个设想，他设计了一个著名的"捉天电"风筝实验：

1752年夏季的一天，阴云密布，电闪雷鸣，一场暴风雨就要来临了，富兰克林和他的儿子威廉带着装有一个金属杆的风筝来到一个空旷地带，他高举起风筝，他的儿子则拉着风筝线飞跑，霎时间，雷电交加，大雨倾盆，一道闪电从风筝上掠过，富兰克林靠近风筝金属杆的手，立即掠过一种恐怖的麻木感，他顾不得危险，兴奋地大声呼喊："威廉，我被电击了！"（图2-16）自然界的"雷电"现象和物质摩擦产生的电是一样的东西，就这样被富兰克林危险的"游戏"

所证明。在其后，另一位俄罗斯科学家，也想学学富兰克林，玩把"引天火"的游戏，他却没有富兰克林那么幸运，丢掉了自己的小命儿！

在富兰克林之后的70年，人们认为"电"和"磁"是互不相关的东西。可是一位名叫汉斯·克里斯蒂安·奥斯特的丹麦物理学家却不这么认为，在他的努力探索下，终于在1820年发现了电流对磁针的作用，流动的电流可以产生磁场，首次揭示了电与磁之间的亲密关系。但同时也引起了一些学者的猜测：既然电能够产生磁，那么磁能不能够产生电呢？于是又引出了下面这样一个有趣的故事：

1825年，一位名叫科拉顿的英国年轻人做了一个实验，他将一个磁铁插入螺旋线圈中，线圈连到电流计上，用来观察在线圈中是否有电流产生。可是，这个年轻人却把磁铁、线圈和电流计分别放在两个房间里，一个人先在这边插进磁铁，再到那边去看电流计，来回跑，结果是静悄悄，那支所谓灵敏的电流计始终一动不动！这让年轻的科拉顿非常失望。时隔6年后的1831年，另一个仅有小学文凭的英国人迈克尔·法拉第，重复做了科拉顿的实验（图2-17），只不过他是把磁铁、线圈、电流计都放在同一张桌面上，结果法拉第成功了，他发现当插入磁铁的瞬间，电流计上出现了指示，于是一个奠

图2-16 著名的富兰克林风筝实验形意图

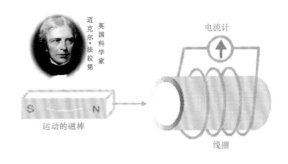

图2-17 著名的法拉第实验原理示意图

定现代电磁学基础的"电磁感应现象"被发现了，法拉第成了流芳百世的伟大科学家、自学成才的典范。后来人们笑话科拉顿"跑失良机"，他的这个实验也成了个人主义、缺乏团队精神而导致一无所获的反面教材。

18~19世纪的重大发现，不仅仅是证明了电和磁是一对孪生兄弟，"电生磁，磁生电"，而且促进了发电机、电动机等应用技术的发明，从而大大推动了欧洲工业革命的发展进程。富兰克林、奥斯特、法拉第等人的求索精神在当代，还在激发人们的灵感。例如，有人提出如何利用地球磁场来发电？于是设想绕一个大大的线圈，插入地下，线圈切割地球磁力线，就可以在线圈中得到电（图2-18）；还有一个国家很奇葩，专门发射了一颗地磁发电实验小卫星，卫星下面拖着一条数千米长的金属丝，当卫星围绕地球以每秒10千米左右的速度运行时，因为金属丝切割地球磁力线，产生了非常大的电力。可惜那条金属丝太影响卫星的飞行了，后来只好把它坠毁。

图 2-18 一种地磁发电机的实验设计

电磁感应原理给出了伴随地磁场也有地电场的理论依据，从而产生了一门"地电学"分支学科。研究发现地球电场是一个非常复杂的物质场，它由大地电场和自然电场两部分组成。大地电场主要是地球高层大气中的各种电流体系在地球内部所产生的感应电场，其主要部分同变化的地

磁场基本一致，有专家认为大地电流在地面以上的表现就是地球磁场，电场、磁场相辅相成。所以大地电场同地磁场一样分布于广大地区，观测表明，地表的平均电流密度为2安培/平方千米，大陆的平均电场强度约为20毫伏/千米，海洋的平均电场强度约为0.4毫伏/千米。但是在不同区域，大地电场强度差异很大，在中纬度地区的低电阻率地层中，一般不超过0.5~1毫伏/千米，在高电阻率基岩隆起的地区不超过3~10毫伏/千米，在南、北极地区可以达到1伏/千米，特别是在地球空间环境受到来自地球磁层的强干扰期间，甚至可达10伏/千米。和地磁层受太阳风影响一样，在太阳活动剧烈时，大地电场的变化也可能造成地面若干设施的破坏。例如，高压输电线等供电设备和各类的通信设备被烧毁、地下输油管道破裂等（图2-19）。

图 2-19 大地电场剧烈变化引发的地面设施损害事件

自然电场则是地壳中的某些物理、化学作用引起的电场。自然电场一般频率较低，因变化波动，形成电磁感应，而且这种感应是相当巨大的。因为，自然状态下大多数岩石和矿物是离子导电的导体，由于岩层结构

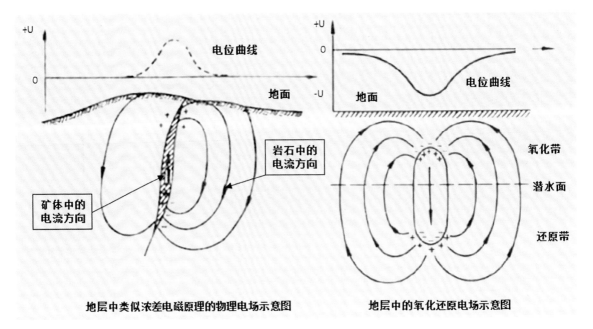

地层中类似浓差电磁原理的物理电场示意图　　　地层中的氧化还原电场示意图

图 2-20 地下自然电场的示意图

不同，其物理、化学过程不同，可能形成各种不同形式的电场（图 2-20）。因此，根据不同电场特征可以判断矿物性质及分布。此外，地电场还包括生物电场和在应力作用下由岩石的压电效应和震电效应所形成的电场。所以利用地电变化和特征也是现代物理探矿的重要手段之一。

现在回头来看，我们想知道的一个最根本问题——地球磁场是如何产生的？从上面的介绍，我们可以得出一个假设：大地电流形成地磁场的说法，似乎更靠谱！近代科学界普遍认为，地磁是由地核自转的相对运动所形成的相对自转的"发电机理论"，这对不对呢？在宇宙空间还有许许多多无外界干扰的，独立自转的行星级天体，它们也有不少存在磁场，在那些并不具备任何形式能量来源的天体上，按发电机理论是无论如何也不可能发出电来形成强大磁场的！所以，人类对自然的认知远远没有尽头，地球磁场形成的原因还会继续探讨下去。

第 **3** 章

地球周围的空气

有空气才会有生命

有句民间俗语"人活一口气，树活一层皮"，意思是说，如果地球没有提供人们呼吸的空气，人就活不了；如果一棵树没有了输送营养和水分的皮，枝叶就会干枯，会丧失吸收空气中二氧化碳进行光合作用的能力，那树也就死了。可见任何生命都不能没有大气的供养。

地球上有着高度发展的人类文明，人类利用现代高科技，可以"上九天揽月，下五洋捉鳖"。但是，首先要解决的问题还是保障为人提供可以呼吸的空气。潜水员要下到

海里去工作，因为水下空气含量太少，潜水员没有可以自由呼吸的空气，所以需要背上气瓶，用一条管子接到鼻孔上，为自己提供呼吸的空气（图3–1）；航天员乘坐飞船上天，因为太空的空气极为稀薄，甚至没有，所以飞船要有一个密封的生活舱，装上和地面差不多的空气，保障航天员能够自由地呼吸；如果航天员要走出飞船到外太空工作，还必须穿上舱外航天服，背负气瓶或连接飞船舱内的供气系统，为航天员提供呼吸的空气（图3–2）。

2008年我国发生的汶川大地震，造成

图3-1潜水员需要背负气瓶提供呼吸的空气（张雷提供）

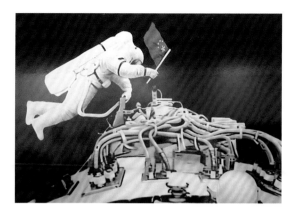

图 3-2 航天员出舱需要穿航天服，以维持呼吸

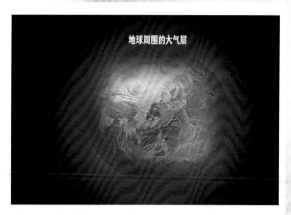

图 3-3 地球周围有一层厚厚的空气

近 7 万人遇难。地震发生时，举国上下人人关注，一场与生命赛跑的大救援牵动着亿万人的心，党和国家领导人亲临现场指导 72 小时黄金时段的救援。72 小时黄金时段是指被困的遇难者在 72 小时内不吃、不喝仍有可能维持生命体征，获救的存活率最大。但是，断绝空气，人的生命就不可能存活 72 小时，也许 10 分钟都无法坚持。特别是那些被压埋在完全密闭的狭小空间里的遇难者，几乎没有生存的希望。所以，人在短的时间段内，可以忍受饥、渴和冷、热煎熬，但不能一刻没有空气。如果你不信，可以自己做个小实验：装一盆水，然后把鼻子和嘴，同时埋入水盆里，看看你能坚持几分钟！

空气中要有氧

在宇宙间存在着亿万个像地球这样的行星，唯独地球养育了一个庞大的生物种群，这是为什么？因为只有地球存在适合众多生物呼吸活动的空气（图 3-3）。空气无色、无味，是人眼看不见、手摸不着，但能够感知的物质。空气在地球表面的每一个角落，乃至地下土壤、岩石和地上空间无处不在，为地球上的各类生物种群的生命呼吸活动提供了根本保障。什么是呼吸活动？鱼儿在水中游动，通过鱼鳃的不停扇动，大口、大口地吸入水，从水中吸取食物和氧气，呼出二氧化碳和水中杂质；植物吸收二氧化碳和阳光，完成光合作用，排出氧气；人通过鼻、咽、喉、气管和肺等器官组成的呼吸系统，吸入氧气，排出二氧化碳……这类执行生物机体和外界气体交换，完成吐故纳新的过程就是呼吸。地球上所有生物能够生生不息，代代繁衍，呼吸是它们都具有的一项生命活动。

在宇宙中，还有许多天体上也有大气，为什么那里没有发现生命？因为，那里不像地球大气这样具有丰富的氧气！例如，最新探测发现，火星也有大气层。但是火星大气非常稀薄，不到地球的 1%，而且它的成分主要是二氧化碳和氮、氩等，氧气极少，所以，至今无法确凿证明火星上有生命。显然空气成分中要有氧气才有维持生命的作用。

氧气在地球大气中占比为 20.9%，此外组成大气的其他主要成分是：氮气 78.1%，氩气 0.93%；正常大气中的二氧化碳只占 0.03% 左右，剩下是极少量的氦气、氖气、氪气、氙气、氢气等稀少气体和水蒸气（图 3-4）。空气中还会有一些颗粒状的，人的肉眼看不见的固体尘埃，但这一般不属于正常的空气成分，是成分外的悬浮物质，是空气

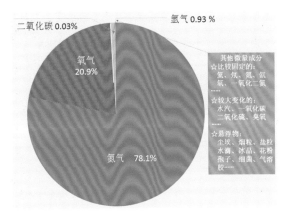

图 3-4 地球大气成分示意图

图 3-5 森林植被丰富的地方空气含氧量高

中的污染物。

地球大气的分布并不均匀，在地下的土壤、岩层和水中，空气会很少，越深入地下越少，直至没有。在地上空间，靠近地面空气最多，从地面到 30000 千米以上的高空，越高空气越少，直至没有。科学家把存在于整个地球的空气统称为地球大气，把存在地球大气的空间范围称为地球大气层圈，在地球表面之上的大气空间范围称为大气层，它是地球大气层圈的主要部分。

自然界由于各类自然现象和人类活动的影响，大气的成分通常会有微小的变化。例如，在人口集中的城市地区和工业排放集中的地区，受到工业和汽车废气污染，空气中的二氧化碳成分会偏高，成分外的固体悬浮物会增多，空气中的二氧化碳过高会影响人的正常呼吸；在远离城市，植物繁茂的森林、草原等地，空气中的氧气会增多，固体悬浮物会减少，甚至没有，那里空气新鲜、干净，是天然氧吧！是人们旅游、休闲和疗养的好地方（图 3-5）；夏天在城市周边地区，靠近地表的空气中会有较多的臭氧聚集。臭氧是什么？在春夏交接的季节，经常会有雷电天气，遇到剧烈雷电现象发生时，人们会闻到空气中有一股特殊的臭味儿，这就是空气中本来极微量的臭氧的含量突然增

高的缘故。臭氧是由三个氧原子组成的一种极不稳定的氧气，它可用来净化空气、漂白饮用水、杀菌消毒，但空气中过高的臭氧浓度也会对人的眼睛、呼吸道产生侵蚀损伤，对农作物和森林也有害。

在地面以上的空间，随着高度增加，大气的成分也会不断变化。例如，中国神舟飞船飞行在 300 千米到 400 千米高度上，科学家们用仪器测量到，它周围的氧气不是分子形态，而是原子形态，而且它在大气中占据的比例高达 70% 到 90%，使得那个空间变得异常危险。因为，原子态的氧极为活跃，它的氧化作用可以对其他任何物质产生强烈腐蚀，飞行器的结构、暴露在外的仪器等都会遭到破坏。

大气之所以悬浮于空间，是因为大气的物质结构非常松散，它很轻。例如，在地面海平面高度上，温度为 0 摄氏度时，每立方米空气只有 1.225 千克，而每立方米水的质量是 1000 千克，它们相差约 816 倍。而且空气质量大小还和气温、气压、空气湿度，以及地区海拔高度相关，也就是说，同一个地区的气温、气压、空气湿度变化，空气质量大小也会随之变化；不同地区因为海拔高度不一样，空气质量大小更不一样。例如，青藏高原平均海拔高度在 4000 米以上，那

里每立方米空气只有 **0.57～0.89** 千克，是东部平原地区的 **75%～80%**。所以，人们到西藏旅游，会感到喘不过气来，特别是世界屋脊——珠穆朗玛峰海拔 **8848.86** 米，空气变得异常稀薄，为了保障正常呼吸，需要带上氧气瓶来补充氧气。

科学家用来表示空气质量大小的专业名词叫"大气密度"。分布在地球周围空间的大气密度，随距离地面高度的变化而更加显著地变化。例如，中国神舟飞船飞行在距离地面 **340** 千米左右的空间，实际测量到大气密度每立方米只有 **0.00579** 微克（图 **3-6**），大约是地面上大气密度的 **210** 亿万分之一，所以几乎就是没有空气。暴露的空间没有空气，也就没有生命！

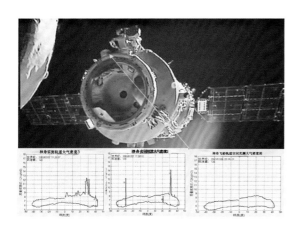

图 3-6 神舟飞船轨道空间大气密度测量示例图

空气也有力量

一个苹果从树上落下来，砸在牛顿的脚上，引发了牛顿的灵感，"万有引力定律"由此被发现，这是小学课本上有过的著名科普故事。万有引力定律告诉我们，任何物体之间都存在相互作用的引力，组成地球大气层的空气也不例外，会受地球引力作用而具有重量，任何物体在大气层中都会受到来自大气重量的压力。换句话说，空气也

有力量——大气被地球引力相"吸"产生的压力，简称为大气压力。生活在地球表面，或者在地球大气层空间，你都会受到大气压力，只不过你常生活在一个地方习惯了，才感觉不到它的存在。

空气看不见、摸不着，也没有固定形态，不像油、盐、米、肉那样可以称重，如何量出空气的重量呢？如何知道大气压力是多少呢？**1643** 年 **6** 月 **20** 日，一位名叫托里拆利的意大利科学家做了这样一个实验：他用一只手握住一支玻璃管，在管内灌满水银，排出空气，用另一只手的食指紧紧堵住玻璃管开口端，把玻璃管小心地倒插在盛有水银的槽里，待玻璃管的开口端浸入水银槽时，放开手指，将管子竖直固定，他发现管内的水银逐渐下落，直到管内、外水银液面的高度差约为 **760mm** 时，才停止了下降（图 **3-7**）。这就表明了空气施加到水银池液面上的重量和 760 毫米水银柱产生的压强相等。托里拆利的这个实验和中国古代"曹冲称象"的故事颇有异曲同工之妙，因为水银的学名是"汞"，"毫米汞柱"也就成了大气压力的计量单位。随着科技进步，人们测量大气压力的方法更加精细了，于是我们经常会在气象预报中听到"……大气压力 ××× 毫巴"。毫巴是计量大气压力的另一个单

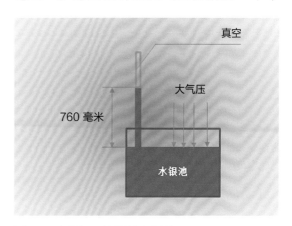

图 3-7 水银气压计原理示意图

位，1 毫巴表示在 1 平方厘米面积上，受到 0.01 牛顿的大气作用力。这里的"牛顿"是一个力学单位，简称"牛"用"N"表示，1N 表示作用在 1kg 物体上，使之产生 $1m/s^2$ 加速度的力。为了更直观地来表示大气压力的大小，科学上还把与 760 毫米高度水银柱相等的大气压力称为 1 个大气压，760 毫米汞柱相当于 1013.25 毫巴，这个数值被称为一个标准大气压，成为测量地球大气压的标准。现在通行使用国际标准制计量单位，所以在专业科学著作中大气压力的常用单位是"帕"。它们之间的换算关系是：1 毫巴等于 100 帕；1 标准大气压等于 101.325 千帕。这个关系非常好记："千帕"是"毫巴"的 10 倍。

大气压力也是随着地区不同、温度不同、高度不同而时刻变化的。例如，我国的地理地形基本上是西高东低，各地的大气压力则从东到西变小（图 3-8），若在黄海海平面的 0 海拔高度上是 1 个标准大气压（101.325 千帕），到青藏高原上，那里的气压就显著变小了，平均只有 65.25 千帕，不到海平面的 2/3。所以在那里如果不用高压锅做饭，饭都煮不熟。

在地面以上的空间，大气压随高度增加而显著减小。在 3~4 千米高度，每上升 100 米，大气压约降低 1 千帕；在 5~6 千米

高空，每上升 100 米，大气压约降低 0.6 千帕；在 9~10 千米高空，每上升 100 米，大气压约降低 0.5 千帕；到 200 千米的高空，大气压只剩下大约 0.133 千帕了；再到神舟飞船轨道高度，那里就几乎接近真空了。此外，大气压力还随时间发生变化。例如，早晨气压上升，下午气压下降；冬季气压最高，夏季最低；如果遇到天气骤变，寒潮袭击，气压会很快升高，但天气转暖又会慢慢降低。

环球同此凉热

大气成分、大气密度、大气压力被称为大气的三要素，它们描述了地球大气的物质特性。对于维持地球生命系统来讲，大气温度也是一个非常重要的自然因素。温度是我们每个人天天都关心的问题，"下雪别忘穿棉袄，天晴别忘戴草帽"这首风靡一时的歌，说的就是大自然的温度变化直接关系到人们的衣、食、住、行。

百科知识关于地球的介绍说，地球表面平均温度是 15℃，这是一个宏观的数据。而实际情况则远远不是这么一个简单的平均数据。地球上不同地区、不同季节和不同时间的温度变化相差很大。例如，非洲撒哈拉大沙漠经测量后记录的最高气温超过 58℃，白天地表温度可达 70~80℃，可以瞬间烤熟鸡蛋（图 3-9）；另一个极端记录是，南极大陆最低气温零下 67℃，如果是在南极的高山上，可能还会更低。现在南极科学考察证实，那里的冰层平均厚度为 2000 米，最厚地方达到 4750 米。在南极阿蒙森—斯科特科考站（图 3-10）有一块纪念碑，上面刻着 20 世纪人类登上南极的第一人——阿蒙森的一句话："啊！这里好冷！"

每个人都会对气温的变化有切身感受：一年中，冬季冷、夏季热；一天里，早、晚

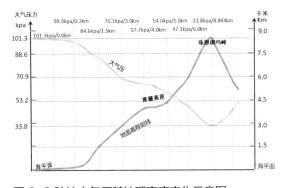

图 3-8 陆地大气压随地理高度变化示意图

图 3-9 高温下的撒哈拉沙漠

图 3-10 南极阿蒙森——斯科特科考站

零下 **55℃**左右；到 **80** 千米高空去，则是零下 **80℃**左右。可是苏老先生不知道，大气层的温度并不是越高越寒，而是有一条奇怪的曲线（图 **3-11**），随着高度变化，是先变冷，后变热，再变冷，再变热：在距离地面 **300~400** 千米，神舟飞船遨游的空间，那里是冰火两重天，飞船在阳照区时，温度是零上 **100℃**；飞船在阴影区时，温度是零下 **100℃**。如果再往高处去，到外层大气边沿，那里的温度还可能到达 **700~800℃**，甚至更高。不过，这个温度是一种理论推算值，已经没有多大意义了。因为，处在那个位置上，没有了空气就没有了热的传播，物体要达到的温度，只取决于它距离太阳的远近和能够有效地吸收和散发辐射热的能力。从概念上讲，大气层外的宇宙空间本身并没有温度。

凉，中午暖。这种变化为地球创造了一个花开花落、春生秋杀、生息轮回的自然生态。"环球同此凉热"——这句毛泽东的诗词，非常贴切地表达了一个道理：全世界任何地方都有冷暖变化。这种气温的变化不仅仅是人类生活的地球表面，在地球周围大气层中也不例外。

宋朝大文学家苏东坡在一年的中秋节，因为怀念远方的亲人填了一首词："明月几时有，把酒问青天。不知天上宫阙，今夕是何年。我欲乘风归去，又恐琼楼玉宇，高处不胜寒……"天上没有宫阙，也没有琼楼玉宇，也无须去问青天！那是老先生的文学构思。但是，"高处不胜寒"倒是十分贴切！因为，通过近代科学对地球周围大气层的研究发现，即使是盛夏酷暑，如果到距离地面 **10~20** 千米高空去，那里的温度会在

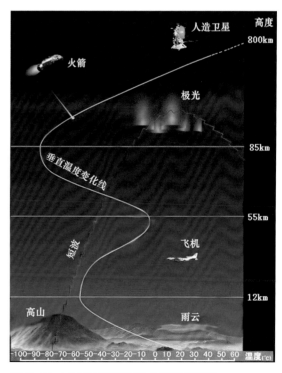

图 3-11 大气层温度垂直分布曲线示意图

地球的"九重天"

中国民间有一句警世名言,劝人多做好事,少做坏事,即"上有九重天,下有十八层地狱"。"人在做,天在看",劝人为善,出发点并不错!但是,现代科学研究已经基本知道,地球以外的广阔宇宙空间是啥样子,也基本掌握了地球内部结构是什么样,十八层地狱没有发现,但巧合的是,人们所说的"天"确实是分层的,或者说地球大气层是分层的,拿"九重"来形容它比较合适,不过不是越高越好,也没有所谓的天堂存在。我们从地面往天上看,不同时间、不同季节、不同地点,你会看到迥然各异的自然景观,"朝晖夕阴,气象万千":时而晴空万里,蓝天如洗,白云飘飘,宛如一位身穿白纱的少女,在轻歌曼舞;时而乌云滚滚,电闪雷鸣,顷刻间狂风暴雨席卷而来,"阴风怒号,浊浪排空",没有了少女的温柔婉约之情,完全是一副暴虐的魔鬼形象。自然界的这种喜怒无常,都是因为包围着地球的大气层,它就像一个有生命活动的生命体,时刻都在运动、变化着,发生着与人类活动密切相关的各种自然事件。"天在看"就成了告诫人类要顺应自然的生存法则。

地球大气受地球引力作用围绕在地球周围空间,它没有明确的边界,科学探测发现在距离地表 **2000~16000** 千米高空仍有稀薄的气体和基本粒子,地球大气总质量大约有 **6000** 万亿吨,这个数值差不多占地球总质量的百万分之一,但它却弥散在地球周围约 **30000** 千米厚度的太空。大气层保护着地球表面不被太阳光直接照射,从而有效地降低了紫外线对地面生物的伤害,抵挡了天外来客的侵袭,减少了地面温差的极端变化。图 **3-12** 是按照现代科学认知绘制的地球大气层的结构示意图。

从图中我们可以看到,大气层就像套在地球周围的层层光环。从地球表面开始,在我们能看到的自然现象和人类活动可以到达的高度上,由低到高可以分为:对流层、平流层、中间层、热层和逸散(逃逸)层。

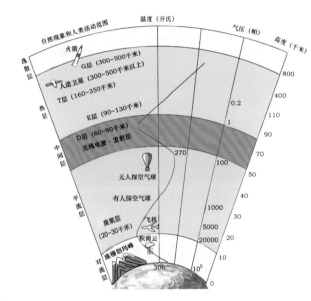

图 3-12 地球大气层结构示意图

在这些不同层面的高空区域——我们头顶上的一片天空,时时刻刻都在发生着各式各样的、影响地球生命的、轰轰烈烈的事件。但是各个层面上发生的事件对地球人类和其他生命种群的直接或间接影响却并不相同。譬如说,接近地面的对流层与地球生命系统的关系最直接,那里发生的任何事件,都会影响到地面的环境状态,在不借助任何工具和仪器的情况下,它就是人们肉眼能看到的天。平流层、中间层以上的空间中,空气已经变得极度稀薄,那里属于中高层大气物理学研究的领域,人们能够直接感受到的大气运动的自然现象就少了。例如:

在平流层之上到 **90** 千米高度的中间层,那里的气温可以低达零下 **83℃**,而且

空气密度只有地面空气的万分之一到十万分之一,虽然冷,但还会有气体的对流运动。在地球南、北纬60°以上的高纬度地区,有时还会看到一种淡蓝色或银灰色的云朵,那是一些由水结成的冰晶颗粒散射太阳光形成的,因为它总是出现在夏日黄昏,所以被称为"夜光云"(图3-13)。再往上超过人造卫星和载人飞船所在的热层空间,进入距离地表800千米之外的空间,就到达了地球大气层的边沿,那里仅剩下极少量的由氮、氧、氢、氦等组成的空气,而且大部分是原子状态。到1000千米以上的空间,大气数量就

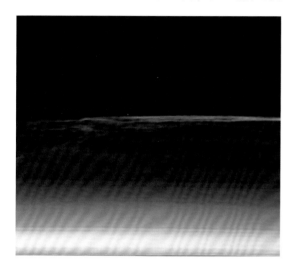

图3-13 美国科学家发布的夜光云照片

更为稀少了,只剩下原子态的氦、氢和氧。强烈的太阳辐射会使某些原子具有极高的能量和速度,但是相互之间却很少发生碰撞,反而是一些速度较快的氢、氧、氦原子摆脱地球引力逃到星际空间去了,所以这个与星际空间交接的区域被称为地球大气层的逸散层。

最闹腾的对流层

对流层是底层贴近地面,顶层距地面高度为10~20千米之间的空间。在这个区域

集中了地球大气约75%的质量和90%以上变成气体的水,还有各式各样的、细微颗粒状的固体尘埃物质。与人类活动息息相关的风、云、雨、雪等许多自然现象都发生在对流层,所以这是地球大气层中最活跃、最闹腾的区域。但是,在地球不同地方,对流层的厚度并不一样,或者说对流层顶的高度不一样。例如,在地球赤道两边北纬30度到南纬30度的低纬度地区,平均厚度有17~18千米;在南北半球纬度30~60度的中纬度地区,平均厚度为10~12千米;而在地球两极的高纬度地区,则只有8~9千米;而且还随季节和时间变化,夏季要高于冬季,在同一地点,白天要高于夜晚。

顾名思义,"对流"的意思就是相互流动,在英文里Troposphere(对流层)还有"旋转""混合"的意思。所以,对流层是地面热空气、水汽上升,高空冷空气下降的区域,通过这种上、下垂直的大气运动进行冷热交换。同时伴随地球自转,对流层稠密大气也会发生平行流动(图3-14)。大气流动能够被人感觉到的是风,不同高度气流速度不同,也就是风力大小不同。当气流冷热碰撞产生不规则的随机运动时,会形成变化叵测的湍流,就是像水中发生漩涡一样的流动形态。

图3-14 对流层大气运动示意图

空气本来是看不见的，但在寒冷的高空，凝聚的水滴或小冰粒混合在一起形成云后，云对太阳光的反射作用，就会被看见了，而且可以通过云的形态和运动来判断可能发生的天气现象。当对流层大气活动比较平和时，就是晴空万里、和风煦煦的艳阳天；当对流层大气活动剧烈，像大海一样波涛汹涌时，就是惊心动魄的恶劣天气！但是，并非整个对流层都是那样险恶。对流层的大气分布并不均匀，在不同高度的自然现象也不相同。

例如，从地面到 2000 米高空，由于靠近地面，受到地面摩擦和温度影响，大气流动活跃，不规则的湍流特别强烈，随高度增加，风速增大、风向偏转；一天之中气温变化明显；水汽、尘埃颗粒物质较多，经常会发生低云、雾、浮尘、雾霾等天气现象（图 3-15）。

图 3-15 重度污染下的北京浮尘天气

在 2000 米到 6000 米的空间，与地面摩擦减小，而且上下冷热空气交换主要在这个区间发生，因此会形成云、雨、雪、雷电、狂风暴雨、台风等天气现象。正常的雨雪天气现象是大气层上下垂直运动的组成部分，但剧烈的狂风暴雨（图 3-16）则常常会给人们带来一些不便，甚至发生洪涝、泥石流等灾害，将造成重大损失。

图 3-16 狂风暴雨的天气现象影响人们出行

在 6000 米以上高空，受地面影响已经很小很小了，常年气温都在 0℃以下，空气中的水汽很少，组成云的成分主要是冰晶和过冷的水滴，但是风却很大，热带和暖温带地区经常会出现风速大于 28 米 / 秒的急流强风。在对流层顶 1~2 千米空间范围，随高度变化温度变冷的趋势变慢，近乎等温，大气的上下对流受到阻挡，水汽、尘埃颗粒在那里聚集，使得能见度变差，而气温则达到对流层中的最低点，处于南北纬度 60 度以上的高纬度地球空间，大约在零下 53℃，而在地球赤道南北的低纬度空间，则是零下 83℃。在这样的空间，真是名副其实的"高处不胜寒"！

由于对流层复杂的天气现象，这个空间区域并不适合人类的航空活动。所以，现代的民航客机为了保障航行安全，会尽量避开对流层中大气剧烈活动的区域，一般都要飞行在对流层顶之上。即使是飞行在低空的飞机、气球等航空器，也要依靠气象站的观测，选择气流相对平缓的时间和空间。如果飞机在对流层中飞行，遇到突然袭来的大气湍流，它就会像漂浮在海上的小木板，被抛上跌下，甚至粉身碎骨，发生重大灾难事故。所以人们乘飞机出行时，飞机起降穿越对流层时是最危险阶段，乘务员会叫你系好安全带、拉直座椅，当飞机进入平流层时，人们才可以安全行动。

安静的平流层

在人类没有能力进入太空之前，人们对"天有不测风云"的认识仅仅是停留在对流层中。从20世纪40年代开始，大气物理学成为专门学科之后，人们才知道，地球大气活动的领域远不止这些，让人们把眼光投向了更加高远的天空。

"天外有天"，距地球表面20千米至50千米的高空，变成了人类活动的新天地。那里空气很少，水汽和尘埃也很少，难得见到有云出现，没有了大气的上下对流运动，更没有湍流，只有平流运动，晴空万里（图3-17），显得温和、平静，所以被称为平流层。平流层也有风，在与对流层交界的空间，中纬度地区夏季盛行西风，但风速随高度逐渐减小，到22~25千米高度，渐次转为东风，风速随高度逐渐增大。

图3-17 平静的平流层天空

平流层的大气压力和大气密度随高度的变化远比对流层内缓慢，气温变化的规律也发生了奇妙变化，在35千米以下的空间温度几乎不变，常年保持在零下55℃左右，因此，又被称为地球大气的同温层，在此之

上开始转为随高度增加温度升高，到离地面50~55千米高度上，温度升到0℃左右，而气压约为100帕，只有地面标准大气压的千分之一。

温和的平流层无疑是人类从事航空活动的理想场所，那里没有对流层中云、雨等复杂天气现象，因为尘埃很少，大气透明度极好。所以，现代商用民航客机大都飞行在同温层，因此也称为同温层飞机（图3-18）。如果你乘飞机外出旅游，不管是晴天、雨天、冬天或夏天，只要飞机腾空而起穿越对流层，从飞机舷窗向外望去，那都是阳光灿烂，天空碧蓝，眼下云海如毡，忘却了所谓的春、夏、秋、冬。

图3-18 飞行在同温层的民航客机

平流层既然是商用航空的理想场所，人们也必然会想到：它也应当是各类军用侦查、对地观测、滑翔机、飞艇、气球等有人或无人飞行器最理想的活动场所。早在20世纪80年代，我国科学家就有能力把一种用聚酯薄膜制造的大气球放飞到平流层，进行空间科学实验和探测研究。这种高空气球实验系统，全世界只有少数几个国家能够制造、使用，因为它硕大无比，能够充装50万~60万立方米的氦气（图3-19），不用任何动力就能够携带1500千克的科学仪器升到35~40千米的平流层空间，在那里，因

图 3-19 高空气球放飞前进行充气的照片

为大气非常稀薄，气球会变成一个足球场那么大；在那里，视野高远、天空平静又没有污染，能见度极好。这样的环境，为科学实验、空间探测等创造了极好的条件。当完成探测任务后，地面发出命令抛掉气球，科学仪器通过降落伞返回地面，然后科研人员提取科学探测数据或科学实验样品。

没有任何动力如何控制高空气球的飞行方向呢？原来科学家利用了大气运动的特点：当气球放飞后，伴随着气球不断升高的同时，会被接近地面的对流层风向带动由西向东飞，当气球达到 22~25 千米高空时，平流层变为东风，又把气球从东吹回西，所以只要掌握好时间，气球在什么地方放飞，也可以在什么地方回收，相差不过几千米。如果科学探测需要，高空气球还可以长期待在平流层空间，不需要消耗能源就可以自由地完成环球飞行。因此，今天的平流层空间，成为人类活动最繁忙的领空。

地球生命的保护伞

"下雨不忘带伞"是人们的基本生活常识，但在现代都市生活中，晴天烈日之下，也处处可见伞。伞的功能不再单纯是挡雨了，也用来遮挡烈日阳光。因为最新科学常识告诉我们，阳光中过高的紫外线会对人产生伤害，使人的免疫力下降，使皮肤癌的发病率增高。

其实，在地球表面，正常情况下的紫外线强度并不能够造成伤害。因为，太阳光只有 **55%** 左右能够穿过地球大气层到达地面，其余的都被大气层吸收了，而到达地面的阳光中有 **40%** 是可见光，是绿色植物光合作用的动力，紫外线只有 **5%** 左右，而且

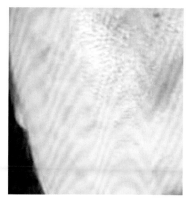

图 3-20 医用紫外杀菌灯照片

图 3-21 人脸部被紫外灼伤的情况

还不是所有紫外线都有害。紫外线有三"兄弟":老大长波紫外,波长在 **320** 纳米到 **400** 纳米间,能够消毒杀菌,是清洁空气环境的好助手,医院、实验室等场所,常用紫外灯来进行空气消毒(图 3-20);老二、老三是中、短波紫外,波长在 **200** 纳米到 **315** 纳米之间,它们才是伤害地球生物的凶手,人们长期被强烈阳光暴晒,往往会造成皮肤灼伤

(图 3-21)。对于这对"凶手",神奇的大自然早就为地球生命系统提供了一道预防的安全屏障,那就是存在于平流层底部的臭氧层。

臭氧是正常大气中一个微量成分,它的产生是由于从太阳飞来的带电粒子进入地球大气层后,使大气中的氧分子裂变成氧原子,部分氧原子又与氧分子重新结合,生成了由三个氧原子组成的臭氧分子(图 3-22)。

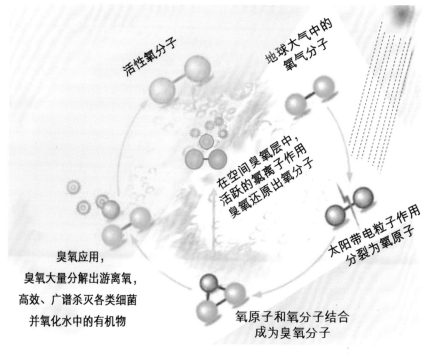

活性氧分子

地球大气中的氧气分子

在空间臭氧层中,活跃的氢离子作用臭氧还原出氧分子

太阳带电粒子作用分裂为氧原子

臭氧应用,臭氧大量分解出游离氧,高效、广谱杀灭各类细菌并氧化水中的有机物

氧原子和氧分子结合成为臭氧分子

图 3-22 臭氧的自然循环示意图

这种化学反应过程正好发生在对流层顶之上的平流层底部，使得空气中 **90%** 的臭氧聚集在高度 **15~50** 千米的空间，形成了覆盖地球的臭氧层。臭氧层能够吸收太阳光中波长 **300** 纳米以下的中、短波紫外线，它像一把撑在空间的保护伞，保护地球人类和动植物免遭伤害。

此外，臭氧在吸收太阳光中紫外线的同时，又将其转换为热能加热大气，为大气循环提供了动力。正常的臭氧层还维持了地面的正常温度，如果臭氧层减少，地面正常气温将受影响而下降。因此臭氧层的高度分布及变化（图 **3-23**）对于地球生命系统来说极其重要。

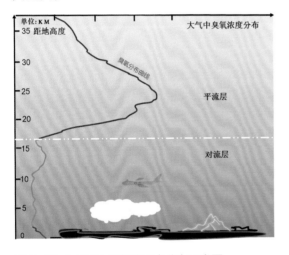

图 3-23 大气层中臭氧的垂直分布示意图

但是，在 **20** 世纪 **80** 年代，科学家们首次在地球南极上空发现臭氧层出现了空洞（图 **3-24**）。也就是说，那里臭氧层的臭氧极度减少，甚至没有了，保护地球生命的这把"伞"破了一个大洞，这就危险了！"紫家"老二、老三可以长驱直入到达地面，可能会对地球生物造成灭顶之灾。好在臭氧层空洞发生在南极上空，南极目前还没有密集人流，如果这个臭氧空洞发生在人口稠密的欧亚大陆，那可能就是一场重大自然灾害！

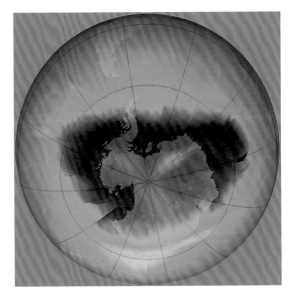

图 3-24 地球南极高空的臭氧空洞示意图

可是，在 **2011** 年，中国科学家通过风云三号卫星，探测到在北极上空也有个明显的臭氧低值区，部分地区的臭氧含量已经比正常情况低了 **30%**，达到臭氧空洞标准。臭氧空洞会威胁到地球生物的安全，因此如何保护臭氧层，修复这把生命保护伞，成为全世界都关心的问题。

关于臭氧空洞的形成，至今还是一个正在探索研究的科学问题，存在不同观点，例如：

有人认为，是人为环境污染造成的。他们的理论是，越来越多的同温层航空活动产生大量的一氧化氮等废气排放；工业上和生活中大量使用含碳、氟、氯成分的制冷剂、洗涤剂等，这些残留物质随大气对流进入空间，上升到平流层，因为平流层水汽含量极少，空气异常干燥，气层结构很稳定，大气的垂直运动受到抑制，进入平流层的这些物质不易扩散和降解，可以滞留一年甚至数年以上，成为污染物破坏了臭氧。特别是氟利昂，它本来是一种高效制冷剂，也是比较稳定的物质，但是当它被大气环流带到平流层时，由于受太阳紫外线的照射，就容易形成游离的氯离子，非常活泼的氯离子与臭氧起化学反应，把臭氧还原成氧分子和氧原子，使得臭氧含量下降。

另一种观点认为，在太阳活动强烈时期的前后，宇宙射线明显增强，促使如二氧化氮一类氮化物与臭氧发生化学反应，造成三氧化氮增加，臭氧还原为氧分子。

我国科学家通过探测提出了一个新观点，认为仅仅是氟利昂等污染物的作用还不够造成臭氧空洞，太阳风射来的粒子流在地磁场的作用下向地磁两极集中，并破坏了那里的臭氧分子，这才是主要原因。

也有一个完全相反的科学观点认为，对臭氧层的变化不必大惊小怪，臭氧层本身就可以产生大气化学反应，将臭氧分解为分子氧和原子氧。臭氧含量的上升与下降会随着季节的流转而发生变化。

各种观点都有各自的观测数据和理论依据，也许所有这些观点都对，因为任何一种自然现象都不是单纯某一个因素决定的，这就是大自然的神秘之处。不过，人为将氯离子等污染物质送进大气总是一种有害行为，所以保护大自然、保护地球生命，爱护撑在天空的那把生命之伞，是全体地球人类的共同目标，减少有害排放，人人有责。1995年1月23日，联合国大会通过决议，确定从1995年开始，每年的9月16日为"国际臭氧层保护日"（图3-25）。

图3-25 国际臭氧层保护日徽标

卫星飞船遨游的太空

自从地球上有了智慧人类以来，飞天之梦就始终萦绕在地球人的脑海中。在数千年的历史长河中，尽管有无数先人为实现飞天梦想而不惜生命（图3-26），直到20世纪初，世界进入现代科学技术跨越发展期，才有了重大突破，1902年莱特兄弟制造出了第一架飞机之后，人类的双脚才第一次离开地

图3-26 古人勇敢的"仿鸟"飞行

面。可是直到20世纪40年代，飞机也只能在距离地面两三千米高度之内的空间飞来飞去，对流层强烈的大气对流，风、雨、雷、电，让那个年代的飞机就像一只风筝，敢于驾驶飞机上天的人都是英雄，敢坐飞机的人也要有个棒棒儿的身体。当喷气式飞机出现，推动了同温层飞机的诞生，美国B52飞机问世时，被称为同温层堡垒，是美国的战略威慑利剑。20世纪50年代，同温层商用客机进入运营阶段后，才真正踏入当时人们认识的，已经算很高的天空。

人类还能不能飞得更高一些呢？一门专门研究地球中高层大气物理现象的学科，成了开路先锋。从20世纪30年代开始，科学家们就利用地面观测，对发生在空间的自然现象采取一切可能的研究手段，去了解更高、更远的地球外层空间。第二次世界大战结束后，由于火箭技术的迅猛发展，科学家们可以把探测仪器送到距离地球 60~200 千米，乃至更高的空间去实际测量，由此获取到大量高层大气、电离层、宇宙线等外层空间的珍贵资料，为人类飞得更高、更远提供了依据。

20 世纪 50 年代，美国和苏联开展了一场争霸世界的竞赛，各自都在潜心研制导弹系统，看谁的导弹飞得高、飞得远！1957 年 10 月，苏联率先把第一颗人造地球卫星送上距离地球 900 千米的轨道上，这标志着"苏联比美国更牛"。可是时隔 30 年，苏联解体了。50 年后，当年苏联领导人赫鲁晓夫的儿子却变成了美籍科学家，而且向世人公布了一段不为人知的故事：

当年负责苏联导弹系统研制的是苏联火箭专家克罗廖夫，在 1956 年的秋天，赫鲁晓夫到克罗廖夫办公室视察苏联 R-7 洲际导弹的研制进展，当"老赫"看到那枚导弹模型时，感到很震惊，对"小廖"的工作大加赞赏。此时的克罗廖夫见机行事，悄悄地对赫鲁晓夫说："我们可以将'R-7'发射进太空，让它像一个小月亮一样绕着地球转……最终还能飞到月球，甚至将人类送往太空。"赫鲁晓夫疑惑地问道："这要好多钱吧？"克罗廖夫却信心满满地回答："实现这些技术只需要多花一点点钱，却能为我们赢得'第一'的崇高声誉。"赫鲁晓夫仍不放心地问："这会影响到洲际导弹项目吗？"克罗廖夫斩钉截铁地保证道："不会！"于是赫鲁晓夫欣然同意了克罗廖夫的建议（图 3-27）。世界上第一颗人造卫星就在这样没有任何立项程序的情况下投入了研制，并且不到一年时间就被送入太空。显然，克罗廖夫早就在干"私活"了，"走后门"取得赫鲁晓夫的同意，只是为了争取一个合法的地位而已！

其实，赢得"第一"仅仅是赫鲁晓夫的

图 3-27 赫鲁晓夫与克罗廖夫

政治需要，对于科学家来说，它最重大的科学意义是人类首次涉足地球的外大气层，向宇宙空间迈出了坚实的第一步。

地球外大气层空间是当今人类航天活动最频繁的区域。根据并不完全的模糊统计，近 60 年间，全世界发射的卫星等航天器约 4000 颗，至今还在轨道上运行的卫星，至少也有 800 多颗，这对于浩瀚的宇宙太空来讲，并不算多，和我们今天在城市大街上见到的拥堵车流相比，完全是一个可以忽略的数量。但是，对于本来非常寂寞的太空而言，无疑是增添了许多外来之客，打破了那里万古萧疏的历史。

从地球大气层的热层到逸散层，再到宇宙行星际空间，那里剩余的地球大气气体极为稀薄（图 3-28），整个空间的全部大气不足大气层总质量的 0.5%；在 120 千米高度，空气密度已小到声波难以传播的程度；在 270 千米高度上，空气密度约为地面空气密度的百亿分之一；在 300 千米的高度上，只及地面密度的千亿分之一，再往上虽然还有大气，但已经少到按原子个数计量的程度。大气温度在中间层上面开始随高度迅速增加，直至温度梯度消失的高度。从热层开始，空气受太阳短波辐射而处于高度电离的状态，形成了地球外大气层的一个特殊区

图 3-28 从航天器轨道上俯瞰地球外层空间

域——电离层。极地地区经常见到的绚丽极光，就是在热层顶部因为来自地球磁场或太阳的高能带电粒子流，使高层大气分子或原子激发或电离产生的自然现象。

所以，在地球外层空间遨游的卫星、飞船并不安全。例如，极度稀少的高层大气仍然会带来阻力，使得航天器轨道衰减，如果不及时调整，它们将会坠入地球大气层烧毁；那里地球磁场的变化会影响航天器的飞行姿态；来自宇宙的高能粒子流，会损坏航天器的电子仪器；高温等离子体、高能电子会使航天器表面带上电荷，过高的电荷会造成内部设备损坏，乃至航天器不能工作；大气中的原子氧增高，会对航天器造成强烈腐

蚀；来自太空的流星撞击，特别是那些像撒在空间里的沙粒一样的微小固体物质，被称为"微流星"，它们高速撞击航天器，会使航天器表面伤痕累累。

人类频繁的航天活动造成空间弥漫着许多已经报废的航天器、运载火箭等的残留碎片，对正在正常飞行的卫星、飞船等构成和微流星一样的威胁（图 3-29）；那里也是地球电离层范围，电离层的扰动会干扰航天器和地面的通信，使得航天器成为断线的风筝……

为了保障人类航天的安全，一门以空间物理学为基础结合应用技术的学科——空间环境科学成为航天工程的重要组成部分。空

图 3-29 地球外层空间碎片示意图

间环境是指航天器在外层空间飞行时所处的环境条件，包括自然环境和工程环境。自然环境是指航天器的失重和发生在轨道空间的各种自然现象；工程环境是指航天器在轨道上运行时，因系统工作和空间环境作用所产生的现象。例如，航天器动力系统引起的振动、冲击；磁性材料和电流回路在空间磁场中运动所产生的感应磁场；航天器结构材料产生的挥发物质和污染等。

所以，空间环境科学研究涉及真空、电磁辐射、高能粒子辐射、等离子体、微流星体、行星大气、磁场和引力场等多个学科。作为应用技术科学，通过基础研究和实际探测分析，为保障航天器飞行安全，对航天器轨道空间进行预测、预报也是空间环境科学的重要研究方向。

中国载人航天工程依托中国科学院国家空间科学中心建立的"空间环境预报中心"（图 3-30）在保障中国航天安全方面发挥了不可替代的作用，每次航天发射，那里都会进入广大电视观众的视线。

图 3-30 中国载人航天工程空间环境预报中心

第 4 章
反射电波的大气层

无线电背后的故事

在今天高科技时代，人们对"无线电"这个词汇并不陌生，因为在每个人的生活中都会接触到它。电视台的节目用无线电传播到每个家庭；航行在大海里的船舰靠卫星定位确定位置，靠无线通信与陆地联系；飞行在天上的飞机、遨游在太空的飞船，靠无线通信把图像、声音和探测数据传回地面；现在几乎是人人都有的手机，把相隔千里的亲戚、朋友联系在一起，仿佛近在咫尺……穿梭在空间的无线电波广泛服务于国民经济建设、国防建设以及人民大众生活。唐朝诗人沈如钧的"雁尽书难寄，愁多梦不成"、诗圣杜甫的"烽火连三月，家书抵万金"已经成为现代人不可理解的事儿。无线电通信是今天信息化时代的标志，彻底改变了地球人类的生活方式。

可是，**150**年前，在现代科学启蒙研究的西方，虽然已经有了电报的通信方式，但是那时的电报发射机和接收机之间是通过好多条电线连接起来的，所以称为有线电报。有线电报是那个时代时髦和先进的标志，但造价昂贵，使用范围有限，大多数民众的异地联系，还得依靠信件往来，"家书抵万金"还是现实的感叹！"天涯若比邻"仍是一个梦想。**1865**年，英国物理学家麦克斯韦的一个预言，开启了变梦想为现实的大门，他说存在一种电磁波，可以用来传输电报，

而且他还说电磁波的传播速度等于光速，光是电磁波的一种形式。为了证实电磁波的存在，**1888**年，德国一位年仅**29**岁的年轻物理学家赫兹做了一个著名的电火花实验（图**4-1**）：他用铜丝做了一个铜环，在环的两端连上一个小球，然后放到一个最原始的电容器（莱顿瓶）附近，结果两个金属球之间出现了跳跃的火花。赫兹认为，这个电火花就是莱顿瓶放电时发射出的电磁波。电磁波的存在被赫兹验证，为了纪念他的功绩，后人就用他的名字做电磁波的频率单位。

图 4-1 赫兹的电火花实验示意图

不要那些电线，用电磁波来传输电报，当然省事儿多了！于是无线电报的研究，在当时欧洲和美国成了最大热门，出现了现代科技发展史上的一场有趣竞赛：**1896**年**3**月**24**日，俄罗斯科学家波波夫在圣彼得堡大

学率先表演了他的无线电报传输，在相距约250米的两座大楼间传送了一份"亨利希·赫兹"的电文，向世人宣布他实现了电磁波传输的伟大发明，并同时表达了对赫兹的敬意。

几乎是在相同时间，另一个欧洲人——意大利科学家马可尼，宣称他实现了无线电报14.4千米的传输距离，并在英国申请了专利。因此，世界公认无线电通信技术的发明人是波波夫和马可尼（图4-2）。可是，1943年美国最高法院裁决，承认当年移居美国的塞尔维亚人尼古拉·特斯拉是无线电通信技术的发明人，因为特斯拉早在1893年就率先在美国实现了无线电通信传输。

图4-2 无线电通信技术的发明者

特斯拉作为无线电通信技术的发明人之一，名声并不响亮，但在美国现代科学技术发展史上却占有重要地位。他是公认的交流电传输与应用技术的发明者，一生获得过近千余项发明专利权；他的名字"特斯拉"被用作磁感应强度单位；他的崇拜者们把他

和爱因斯坦相提并论；他曾经11次被提名诺贝尔奖，但都被他本人拒绝。特别是他和当时名噪全球的大发明家爱迪生水火不容，双方都断然拒绝领取1912年诺贝尔物理学奖，成为科学界的传奇故事。

特斯拉一生被视为科学界的"另类"而困窘至终，他同时也是关于外星人、飞碟、心灵感应理论的始祖。然而在突破无线电远距离传输上，特斯拉的贡献却是被公认的。无线电报问世后，由于地球球面限制，远距离传输成为不可逾越的难题，特斯拉超越常人想象的灵异观点，使他相信有天外生灵，故而在1899年对天空进行了远距离无线能量传送试验，他意外发现空间存在着一个可以传播天波的区域，并计算出了那个区域的共振频率。后来证实，他的计算与今天认识的电离层共振频率相差不超过15%。又几乎是相同时间，已经成为英国电报公司老板的马可尼，为了扩大业务，于1900年10月在英国建立了一座强大的无线电发射台，1901年12月，他在加拿大用风筝牵引天线，成功地接收到了来自英国的无线电报，完成了横跨大西洋5000千米以上的无线电远距离通信。由此，无线电通信技术才算真正走进人类生活，实现了"天涯若比邻"的梦想。再经过近百年若干科学家在理论与技术发展中的贡献，才造就了今天的信息化时代。

什么是电离层

由于人们对特斯拉另类学术观点的偏见，"天空有可以传播天波的区域"并没有引起重视。马可尼的无线电波能够跨越大西洋，为地球大气上层"可能是导电的"认识提供了证据，但也不为当时的大多数人信服，甚至有人怀疑马可尼的实验是"学术造假"。1902年另一位英国科学家奥利夫·亥维赛，在编写《不列颠百科全书》时指出：无线电信号之所以能绕地球弯曲传播，可能是大气层中有一个带电粒子层，同时他还认为，这是因为太阳的紫外线辐射使高空的气体电离产生的。

1924 年英国科学家阿普尔顿，利用变换频率的电磁波对天发射，并接收到来自电离层的反射回波，首次直接证实了电离层的存在（图 4-3）。此时电离层才引起更多人的关注，并在世界范围内掀起了电离层探测与研究的热潮。但是那个存在于空间的"能够导电的大气层"并没有统一名称，"科诺尔里 - 亥维赛层""阿普尔顿层""查普曼层"在相关著作中各执一词，直到 1926 年，英国物理学家和雷达技术专家沃森 - 瓦特才首先提出用"电离层"作为统一名称，并得到公认和普遍采用。

图 4-3 阿普尔顿解释电离层反射电波示意图

在众多研究者中，阿普尔顿的贡献特别突出，他的后半生一直潜心于电离层的探测与研究，他和哈特里等人创立了磁离子理论；1932 年，他由电离层反射波的中断现象，首次发现了电离层暴，并研究了电离层对电波的吸收，以及随季节变化的电离层异常现象等，由于他在电离层特性和电离层应用等高层大气物理学研究方面的丰硕成果，而获得了 1947 年的诺贝尔物理学奖。

"电离层"这个名称对一般人来讲，还是显得深奥！而上层大气中为什么存在一个电离层更是让人迷惑！要说清楚这些问题，首先要知道什么是"电离"。简单地说，电离就是物质的原子或分子，在自身或外力作用下的一场"捡球比赛"（图 4-4），有的失去、有的得到一个或几个电子，使原子最外层的电子数由 8 或 2 的稳定结构，变成了另一种形态——离子。离子与分子、原子一样，也

图 4-4 原子们的捡球比赛——电离过程

是构成物质的基本粒子。在地球上层稀薄大气中，正如奥利夫·亥维赛的推断一样，在来自太阳辐射中的紫外线和 X 射线，以及太阳高能带电粒子和银河宇宙射线等作用下，处于高温状态的高层大气原子或分子发生电离，产生出自由电子和正、负离子，形成等离子体区域，这就是能导电、能反射无线电短波的电离层。等离子体在我国台湾地区被称为"电浆"，是由部分电子被剥夺后的原子及原子团被电离后产生的正负离子组成的离子化气体状物质，是除去固、液、气外，物质存在的第四态。

电离层在哪儿

自从高层大气中存在电离层的事实被科

学家证实后，对电离层进行系统的探测研究工作就成了一个重要的科学领域。

20世纪30年代前后，还没有先进的工具可以把探测仪器送入太空，只能凭借地面的间接观测手段，例如，通过向空中发射频率为0.5赫兹到30兆赫兹的无线电波，然后再接收由电离层反射回来的无线电波信息。利用这些信息，可以发现某个频率能被电离层反射，某个频率能穿过电离层跑出地球空间；利用反射回来的信号强弱，可以知道电离层的反射能力和结构特征；反射回电波的时间长短，则可以推算电离层高度变化……科学家们通过计算和理论分析，可以获得许多相关电离层特性的知识。用这种探测方法所获取的资料汇集起来，就是专业学者所说的"电离层频高图"，是研究电离层的经典手段和基本工具。测高仪技术至今仍是电离层探测研究的主要方法之一（图4-5）。

在20世纪40年代末，随着火箭技术的发展，人类有能力把探测仪器送入距离地面60千米以上的高空去直接探测电离层特性。1949年德国人首次把用于探测等离子体的仪器"朗缪尔探针"安装在V-2火箭上，发射到60千米之上的电离层进行直接探测。朗缪尔探针的原理很简单，就是把一个电极插在等离子体中加上电压，然后看它的电流变化，以此推算等离子体的密度、电子温度、等离子体电位等参数。1962年加拿大发射的云雀卫星，专门用于电离层的探测研究，它的主要探测设备也包括朗缪尔探针。作为

图4-5 海南儋州的电离层测高仪观测站全景

世界各国科学家探测电离层的传统、经典仪器——朗缪尔探针，技术上也绝非是像原理描述那么简单，许多航天应用的产品能够直接给出各种测量参数，甚至图像化，直接给出所探测空间区域的电子密度分布、温度分布和电位分布图形。图 4-6 是中国科学家在探空火箭上使用的朗缪尔探针实物照片。

图 4-6 中国探空火箭使用的朗缪尔探针

电离层物理已经成为一个专门学科分支，依靠探空火箭、卫星、飞船等先进航天技术配合地面台站，可以从时间、空间多维尺度上，实时检测到空间电离层，为人类掌握地球高层大气变化、服务于地球环境研究、保障通信、航天活动等提供理论支持。

在地球对流层以上中高层大气区域的空气极为稀薄，从距地面 60 千米开始温度随高度变化直线上升，所以那里的大气通常都处于部分电离或完全电离的状态。在 50~1000 千米空间范围内，部分电离的区域，被称为电离层，而在更高空间的完全电离的大气层区域，属于地球磁层空间范围。但是，也有人把整个电离的大气统称为电离层，那就是说，也包括完全电离状态的磁层。反之，如果在高度 1000 千米之下的某一局部区域大气没有被电离，也不能算是电离层。前者是以几何高度来定义电离层区域，后者是从物理概念上定义电离层区域。

电离层的特性

地球高层大气从宏观上讲，它既不表现出带正电荷也不表现出带负电荷，这种状态称为中性。中性气体在吸收太阳辐射发生电离时，要不断地产生出自由电子和离子，同时也会不断地发生电子与离子的碰撞和结合，使自由电子消失。当产生的电子和消失的电子相等时，就会维持其中性特点。所以电离层的特性主要由电子密度、电子温度、碰撞频率、离子密度、离子温度和离子成分等空间分布的基本参数来表示。但是，电离层的研究对象主要还是电子密度随高度的分布（图 4-7）。电子密度是指单位体积内的自由电子数，它与不同空间高度上的大气成分、大气密度以及太阳辐射通量等有关。电离层内任一点上的电子密度或称为电子浓度，由自由电子的产生、消失和迁移三种情况决定。在不同区域，三者的相对作用和各自的具体作用方式也有很大差异。在不同空间高度和地球经纬度上，都会跟随季节、昼夜和年月等时间变化出现电子密度的不同变化。

和大气在地球周围分布的情况相似，电离层也同样是由低到高按层分布，在不同高度上表现出不同的参数结构。但是，电离层还存在不均匀的结构特点，在各自的层中，就像云朵一样，其厚度可以从几百米至一二千米，水平延伸一般在一百米到十千米范围。这很容易理解，因为电离层形成的本身就是以太阳辐射为主的外来辐射能量使组成大气的气体物质分子、原子产生电离的结果，在不同空间区域范围，大气密度的分布就存在不均匀性。高度较低的区间，大气密度相对较大，外来辐射能量强度比上层空间要弱，只有部分电离，电子密度就比较小；高度越高，大气密度越低，外来辐射能量越

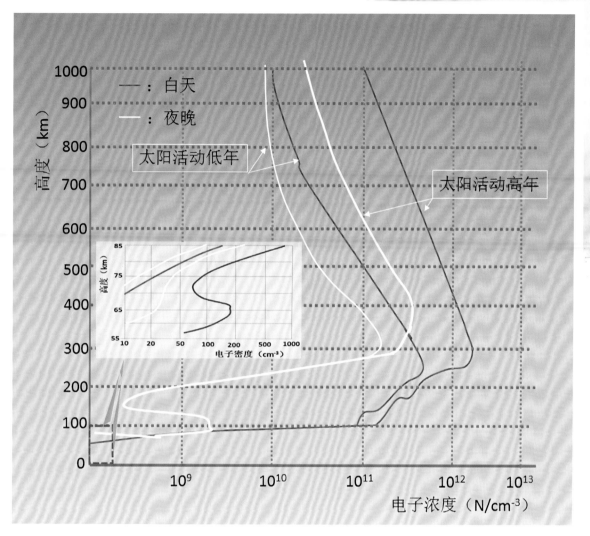

图 4-7 电离层电子密度的高度分布图（国际天文联合会 2009 年发布）

强，大气被电离的程度也就越高，电子密度就会相对较大；当高度达到磁层区域时，极度稀少的大气就被强烈的太阳辐射完全电离，成为等离子体区。

为了便于更精确地研究电离层的结构、特性，科学上把电离层从低到高，依次分为 D 层、E 层和 F 层等（图 4-8）。离地面 **50~90** 千米高度区间被称为电离层 D 层，这个区域的大气电离主要是由太阳 X 射线引起的。D 层的电子密度随高度增加的变化迅速，但是总水平都比较低，只有白天中午

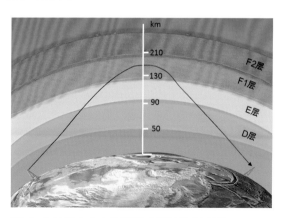

图 4-8 地球上空电离层的分层结构示意图

时分可能出现最大值，到夜晚变小到几乎消失；电子密度随季节变化也很显著，夏季最大，但最小也不一定出现在冬季，在地球中纬度地区的冬季，D层会出现电磁波被异常吸收的现象。

离地面90~130千米高度区域，被称为电离层E层。由于电离层的不均匀性特点也可能出现偶然发生的E层，为了区别将其标示为Es层。E层的电子迁移作用较小，主要取决于太阳辐射引起的自由电子的产生和消失，所以白天和黑夜、夏季和冬季，以及太阳活动的高年和低年，E层的电子密度变化很大，最大和最小可以相差1倍到几倍。

在距离地面130千米之上的空间是电离层的F层。130~210千米的空间称为F1层，210千米以上的空间称为F2层。

F1层和E层类似，电子迁移作用小，所以夜间电离层几乎消失，地球中纬度地区只有夏季才出现F1层，在太阳活动高年和电离层暴时变化明显。在F2层，电离输运起重要作用，是反射无线电信号或影响无线电波传播的主要区域，上边界与磁层相接。由于地球磁场大气风系和扩散起重要的作用，F2层和E层以及F1层相比会出现"异常"，在地球磁极存在外来带电粒子的轰击，使得电离层形态更为复杂。例如，电子密度在一天之中的最大值不是出现在正午，而是在上午和下午出现两个最大值；在四季中冬季比夏季还高；对于地球不同纬度区，电子密度的最大值不是出现在地球赤道附近，而是在磁纬正负20度附近；在高纬度地区会观测到带电粒子沉降，在低纬度地区会出现低密度带等。

上面这些介绍也只是电离层状态的理想描述。实际上电离层总是随纬度、经度、白天黑夜、春夏秋冬四季，以及年份、太阳活动周期、高层大气空间的物质成分、大气热状态等发生复杂的空间变化，有时它的变化还很剧烈。

电离层的异常变化

电离层在正常情况下是相对平静的。但是如果遇到异常事件发生，比如太阳剧烈活动时，它发出的高能粒子流等强辐射，会使得本来平静的电离层结构遭到破坏，造成的直接后果就是依赖电离层传播的短波通信、导航定位等受到干扰甚至中断。常见的电离层异常现象包括电离层暴、电离层亚暴和电离层突然骚扰等事件。

（一）电离层暴：是指持续时间为几小时到十几天的，常与磁暴相伴的强烈电离层扰动现象。太阳剧烈活动时除爆发出大量电磁辐射外，有时还会辐射出大量带电粒子流，带电粒子流到达地球大气层圈与磁层和高层大气相互作用，可使正常电离层，特别是处于顶端的F层遭到破坏，因此也被称为F层骚扰。短波通信主要利用的就是F层，这种骚扰会使短波通信中反射回地面的无线电波的最大频率范围下降、上升或者有升有降。这种扰动，可以造成反射频率的变化超过30%，严重时可以造成地面通信系统瘫痪。此外，在发生电离层暴时，在地球两极还会激发出向赤道方向水平传播的大气重力波扰动，这种干扰传播速度可达到每秒600~700米，周期在半小时至几小时，水平宽度可以达到几千千米，它会使电离层的F2层偏离正常值20%~30%，严重改变无线电波的传播环境。专业上称这种现象为电离层行波扰动。

（二）电离层亚暴：太阳球面某个区域突然增亮是一种最剧烈的太阳活动，称为太阳耀斑。它发生时，会有大量的高能质子和硬X射线冲向地球，这些射线可以一直穿透到电离层的D层。硬X射线会使得D层的自由电子迅速地大量增加，吸收3~30MHz的高频

电波，反射 3~30kHz 的低频电波，造成地面无线电通信中断；高能质子从太阳到达地球只需要 15 分钟至 2 小时，这些质子沿地球磁场线螺旋下降，在磁极附近撞击地球大气层，使得电离层的 D 层和 E 层的电离迅速增加。此外，由于高能粒子沿地球磁力线沉降在极区高层大气中，不仅引起地磁场扰动和极光现象，还会使磁纬 64° 以上的极盖地区上空、电离层 D 层的电离强烈增大，造成高频电波被强烈吸收，高频通信被中断，专业上称这种现象为电离层极盖吸收异常。

（三）电离层突然骚扰：这同样是太阳耀斑引起的，虽然来势很猛，但持续时间一般只有几分钟到几个小时。这种现象只发生在地球日照面的电离层 D 层，它会使 D 层中的电子密度突然增大，E 层和 F 层底部的电子密度也会突然增加。造成的影响是，穿过 D 层传播的高频无线电波会突然被强烈吸收，出现短波通信中断；来自外太空的宇宙噪声会突然减弱；利用电离层 D 层反射的长波和超长波通信信号会突然变强，相位发生突变；接收远处雷电产生的"天电干扰"的强度也明显增强；甚至高频的电离层散射传播信号也将增强；由于 E 层和 F 层底部的电子密度突然增加，所以也会引起短波频率突然偏离。

引起电离层异常变化的主要幕后推手，显然是太阳活动。但是，发生在地球低层大气或地球地质层面的自然现象和人类活动，也可能对电离层的正常状态产生扰动。例如，火山喷发、地震、台风、雷暴……这些自然现象可以引起不大不小的大气重力波扰动、地磁场变化，会造成电离层的变化；地面核试验引起的重力波可影响几千公里外的电离层；高空核试验的各种电离辐射，更能显著地破坏电离层；大功率短波雷达加热等人工手段和空间飞行的释放物，也能引起电离层扰动。2008 年的汶川大地震，科学家们就实时监测到上午 10 点 15 分电离层电子浓度开始出现异常，15 分钟后进一步发展，到 30 分钟后电子浓度的低区几乎覆盖了整个中国，几个小时后地震就发生了！造成了近 30 年来我国最惨重的一场自然灾害。

自然现象和人为因素引起的电离层扰动，是对外层空间环境的破坏。自然现象引起电离层扰动不可避免，但人为事件的干扰却是可以控制的，建立一个和谐世界，维护人类共同家园是全世界各个国家的共同责任。

电离层与电波传播

在信息化时代，通信的含义已经不仅仅是无线电报，高度发展的通信技术把它扩展到人类社会活动的方方面面。在现代航空、航天、航海，以及工矿、企业等国民经济建设、国防建设和人们的日常工作生活中，它几乎成为不可替代、不可缺少的基础设施。很难设想，一旦没有了现代通信手段，回到"鸿雁传书""烽火传信""快马加鞭"的时代，这个社会将是什么样子？所以，人们研究通信、通信技术，研究电波传播，研究电离层在通信中的作用……目的都是发展更先进的通信技术。现代科学把光波、无线电波和射线统一到电磁波的概念上（图 4-9）。

用来传输信息的无线电波不再只是某个单一频率或频段；能够传输的信息也不单是通信，导航、定位也要使用电波传播；通信也不单是无线电技术发明初期的莫尔斯电码，声音、图像、数据、视频影像都依靠无线电波传输；通信的距离远近，也不是衡量通信能力的唯一标准，在全球范围内，白天、黑夜，天晴、下雨，一年四季都能够实现满足千千万万用户及时发出或接收到对方传来的、一点不走样的信息，是现代通信技术的基本要求。

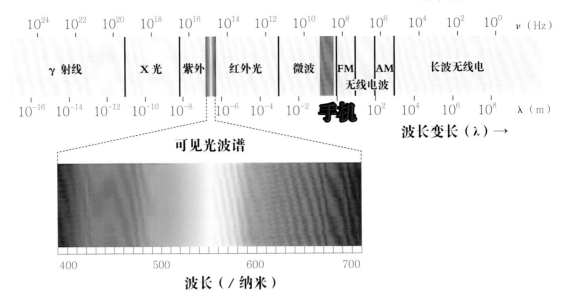

图 4-9 电磁波的频谱分布示意图

因此，为了更好地利用电离层这个大自然赐予的电波转播塔，实现更好的通信、定位、导航等应用，对电波的传播特性做适当了解是必要的。

现在用于无线通信的频段包括了从长波到中波、短波和微波的各个频段，不同频段用于不同的通信目的。例如，人们使用的手机，移动和联通的 2G 手机使用的频段是 900/1800 千兆，而联通 3G 手机使用的是 2100 千兆。哪个频段用于哪个通信领域，国际无线电联盟通过与各个国家共同协商制定了统一要求，凡是要使用无线电通信传输的国家都要共同遵守。

无线电波在空间的传播有折射、反射、散射、绕射，以及吸收等特性（图 4-10）。这些特性使无线电波随着传播距离的增加而逐渐变弱，电波能量会越来越分散。利用电离层传播无线电波也同样会存在折射、反射、散射和吸收等问题。所以，要获得最好的传输效果，就必须考虑不同波段的传输特点。例如：

短波段通信，电波可穿过 D、E 层到达 F 层，电离层对电波的吸收与电波衰减的规律是频率越高被吸收和被减弱得就越小，所以工作频率应尽量选用接近电离层能够反射的最大频率（被称为临界频率），由于电离层临界频率是随季节、昼夜和太阳活动周期变化的，因此还有必要实时改变工作频率来适应电离层的变化。

中波段通信，由于白天电离层的 D 层有强烈的吸收作用，只有当夜间仅有 E 层存在时，才能利用电离层传播电波。

长波段和超长波段的远距离通信，白天利用电离层 D 层、晚上利用电离层 E 层和地表面形成类似波导的上下面，在这个"大波导"里传输电波，距离可以到达数千公里（图 4-11）。

现代通信技术不仅仅利用了电离层的反射特性，同时也可以利用了其散射特性。例如，在高度约 85 千米处的电离层不均匀特性明显，它对电波会产生散射，当工作频率选在 30～60MHz 范围时，利用散射传播，通

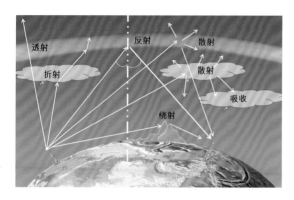

图 4-10 电波传播特性解释图

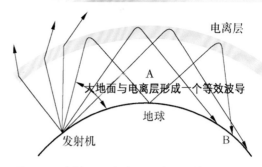

图 4-11 大地面和电离层形成一个等效波导，实现中长波的远距离传输

信距离也可以达到 800～2000 千米。

通信是航天工程不可缺少的，没有通信手段航天器就无法控制、航天员无法与地面联系，航天器所获取的重要探测数据、图像无法传回地面；卫星、飞船成了断线的风筝；航天员成了被遗弃的孤儿；所有的航天应用都成了空话。但是飞船、卫星飞行高度至少在 300 千米之上，地球同步轨道上的通信卫星高度达 36000 千米，导航卫星最高轨道有上千千米，和月球通信距离 36 万千米，行星际探测器距离可以到几十万千米……因此，航天通信系统要求电波能够穿过电离层，而且尽量减小电离层对电波的吸收和减弱，这需要选择能够穿透电离层的最佳工作频段和先进通信技术配合，以及相关电离层理论知识的指导。这方面的专业知识已经属于通信技术领域，这里不展开去讲。

电离层物理是一个专门学科，但也和高层大气物理学、太阳物理学、磁层物理学、大气化学等多门学科交叉，是兼基础理论和应用技术研究的前沿学科之一。科学家们利用遍布世界各地的电离层观测站、卫星、火箭、高空气球等，在全球范围内，结合地面间接探测和空间直接探测，实现实时、连续的系统监测，密切关注电离层的变化，通过长期的资料积累，研究电离层变化规律，以为人类社会生活、航天活动以及提升科学认知服务。

第 5 章
万物生长靠太阳

谁赐予光明和温暖

对于地球上千姿百态的生命物种来说，没有任何东西比阳光更重要了。"万物生长靠太阳，雨露滋润禾苗壮。"没有太阳，地球上不会有花鸟鱼虫、飞禽走兽，更不会有智慧人类的产生与进化。长不出禾苗，也不会有雨露来滋润……地球将是宇宙中一个荒芜的，冰冷的，没有生息的，寂寞的星球。由于有了太阳赐予的光明和温暖，为地球生命提供了各种形式的能源；由于有了太阳，地球有了日夜更迭（图5-1），四季轮回，雨雪风霜，万物繁茂的千种风情，万般姿态。

所以太阳在人们心中成为永恒的象征，是崇拜、讴歌的对象，是最重要的天体。

但是，太阳也不是任何时候都受人崇拜和讴歌，当它放纵和任性的时候，它的专横与霸道，会让地球人类感到恐惧和无奈。我国有一个"后羿射日"的著名神话故事，它讲的是，大约在距今4000多年前的华夏大地上，先民们在风和日丽的土地上，日出而作，日落而息，狩猎、采摘、耕种、收获，过着丰盛祥和的日子。突然有一天，从东方地平线上升起了十个太阳，它们在天上肆意玩乐，发出暴烈的毒焰，大地被烤得草木俱

图 5-1 日出东方

焚，禾苗枯萎。人们在干涸的大地上饥渴难熬，遍地哀鸣，祈求上苍开恩，但一切都无济于事，在酷热中一天又一天，一个接一个地倒下……这时，有一个名叫后羿的英雄，为了拯救民众，顶着烈日爬到高处，用尽全身力气，张弓搭箭把多余的九个太阳——射落（图5-2），使得大地恢复原样，让人民重新过上了安逸、太平、温馨、富足的日子。但是英雄后羿却因劳累过度，献出了自己的生命。

图5-2 后羿射日的神话传说

这虽然是神话传说，按今天的科学解释，也许那正是太阳一次大的活动的爆发，致使地球气候异常。天上出现十个太阳是不可能的，是虚构的，也许是当时人们在酷暑难当的情况下，抬头望天出现的幻影。后羿射日也不会是真实的，当太阳恢复平静后，人们看到的天上仍然只有一个太阳。太阳为什么能够恢复正常，没有科学指导的先民们，必然要想象一个后羿式的英雄来诠释，也许后羿就是那次太阳剧烈爆发的最后一个受害者，一位为民敬业的领导者。

中华民族是具有数千年文明延续的民族，在河南安阳出土的殷墟甲骨文中，就记载着距今 **3000** 多年前一次太阳黑子爆发的事件。科学史研究学者查阅典籍，发现在明朝之前，中国翔实、可靠的太阳黑子事件记录就有 **100** 多次。所以后羿射日的故事，

并非完全虚构，它为今天的科学家研究太阳活动规律，提供了一个远古时代的例证。所以，我国浩如烟海的古文献资料（图5-3），是人类一大宝贵财富。

图5-3 浩如烟海的中国古典文献

太阳是什么模样

太阳是地球所在的太阳系中唯一的恒星。我们再把太阳系成员的这张图（图5-4）拿出来看一看，会惊叹大自然对地球人类的眷顾是如此体贴、周到——给地球一个恰到好处的距离，使得地球既能够感到太阳的温暖，又不会因为离得太近而被烤焦，距离太远而被冻绝！地球距离太阳最远距离 **15210** 万千米，最近距离 **14710** 万千米，二者相差只有 **500** 万千米，这用宇宙空间的尺度来衡量，简直就是微不足道。所以，太阳

图5-4 太阳系家族

到地球的平均距离 **14959.7870** 万千米，就被科学家们用作度量宇宙空间尺寸的一个单位。因此，如果有人问你地球距离太阳有多远，你就回答："**1**，一个天文单位。"问你阳光从太阳发出，到达地球需要多长时间，就回答："**818**，就是 **8** 分 **18** 秒。"

太阳有多大？我们生活在地球上，觉得地球已经很大了，可是和太阳相比，那就太小了，太阳直径大约是 **139.2** 万千米，是地球直径的 **109** 倍；它的体积大约是地球的 **130** 万倍；它的质量大约是地球的 **33** 万倍。

太阳是什么模样？中国古代有一个传说：太阳和月亮本来是玉皇大帝的两个女儿，玉皇大帝给两个女儿一个任务，专门负责给人间光明，大女儿负责晚上，小女儿负责白天。大女儿高兴地同意了，可是小女儿却不愿意，她说，她怕羞，不愿让凡人看到她的姿色。于是玉皇大帝说："这好办！我给你一包针，谁敢大胆看你，你就用针扎他眼睛。"因此，如果有人胆敢直视，太阳那针一样的光芒会把他的眼睛刺瞎。

故事是编出来的，目的是告诫孩子们不要用肉眼去看太阳，免得受到伤害。但是，为了认识太阳，我们还是要想办法看看"小女儿的芳容"，其实最简单的办法就是用一块黑色的胶片，挡住刺眼的光芒，这时就会露出"小女儿"的真容，原来它是一个红红的火球。现在用先进的观测仪器，不仅可以看到太阳的样子，还可以发现她喜怒无常的表情。原来组成太阳的物质大多是些普通的气体，其中氢约占 **73%**、氦约占 **25%**，其他元素占 **2%**。太阳没有地球这样的固体外壳，从太阳中心到最外面可以分为核反应区、辐射区、对流区和太阳大气区（图 **5-5**）。太阳大气层也和地球大气层类似，按高度分层，但是它的性质和结构特点却与地球的完全不一样。

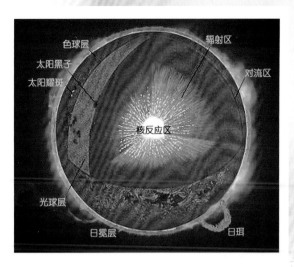

图 5-5 太阳结构示意图

1. 太阳大气最外层是日冕层，在地球上人们无法看到，但是如果遇到日全食时，你会看到被月球挡住变成一个黑饼的太阳四周有一个毛毛的光环（图 **5-6**），那就是太阳的日冕层。日冕层向周围宇宙空间延伸到几百万千米，温度在 **100** 万摄氏度左右，那里氢、氦等已经被电离成带正电的质子、氦原子核和带负电的自由电子，这些物质的密度很低，每立方米还不到 2×10^{-12} 千克，而且就像云朵一样，飘浮不定，形成冕流、极羽、冕洞和日冕凝聚区等随时间变化的各种形态。

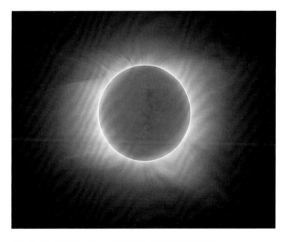

图 5-6 在日全食时看到的太阳日冕形状

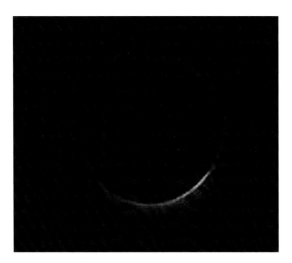

图 5-7 日全食结束时看到的太阳色球形态

2. 日冕下面是色球层。由于蓝色的天空背景掩盖，在地球上同样是看不到的，但在发生日全食时，当日全食即将结束，月亮慢慢移开，太阳重新开始露出时的那短短几分钟内，我们能够看到太阳圆面周围的一层非常美丽的玫瑰红色辉光，那就是太阳的色球层（图 5-7）。色球层厚度大约在 2000 千米，从外到里，温度由上万度变化到四五千度左右。

3. 光球层是太阳大气层的最底层，它特别明亮，就是我们平常所看到的太阳圆面。光球层的厚度仅仅 500 千米左右，温度也只在 5500 摄氏度左右，物质密度相对色球层和日冕层要高得多，达到每立方厘米 10 克左右。但它的结构极不均匀，非常活跃，当产生太阳黑子、光斑和白光耀斑时，它的亮度、物理状态都会发生非常悬殊的变化。

在光球之下的太阳，由于光球层不透明，我们无法观测到。但是科学家们根据物理理论和太阳表面的各种活动现象，给我们描述了一个逼真的太阳内部结构：太阳的核心区域半径只有太阳半径的四分之一，但是它的质量却占据了太阳总质量的一半以上，那里温度高达 1500 万摄氏度，压力也

极大，频频发生由氢聚变为氦的热核反应，简直就是亿万个巨型氢弹库被引爆，由此释放出极大的能量。这些能量通过辐射层和对流层传递到达太阳光球，再以电磁波和粒子流的形式向宇宙空间辐射出来。来到我们地球的太阳辐射能量，仅仅是它全部能量中的二十亿分之一，算是很少很少的一点点。可是，就是这一点点，让地球享受着阳光和温暖；也是这一点点，让地球空间时时发生着"暴风骤雨"带来的万千"气象"，让人们感受到太阳的"霸道"和"狂暴无情"。我们可以设想，如果把任何一颗固体行星，放到太阳上去，哪怕仅仅是所谓的太阳大气层中，那颗行星也将瞬间灰飞烟灭，被太阳吞噬。

明亮的太阳也有黑点

在地球上，用光学望远镜去观测太阳，常常会在每日的正午时间，发现明亮的太阳也有黑点。这些出现在光球层面上的黑色斑点大小、位置、数量和形态，每年、每月和每天都不完全相同，它和周围相比颜色较暗，所以被形象地称作"太阳黑子"（图 5-8）。有文字记载，在 4000 年前的我国先民，用肉眼看到过太阳上有一只 3 条腿的乌鸦，其实那就是今天所说的太阳黑子。在本来明亮的光球上为什么会出现黑斑呢？经过长期观测研究，科学家认为，那是光球层物

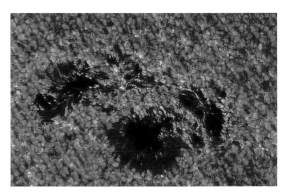

图 5-8 美国宇航局发布的太阳黑子照片

质剧烈运动而形成的局部强磁场区域，因为表面温度相对于其他区域低 **1** 千至 **2** 千摄氏度，所以显出黑色，这是太阳活动的重要标志之一。

太阳黑子的出现虽然很不固定，有时多，有时少，有时甚至几天，几十天都不会出现，但是也有相对的规律性。例如，一般只出现在每日的正午；太阳黑子出现最多或最少的年份，大约 **11** 年轮回一次。所以，天文学家把太阳黑子最多的年份，称为"太阳活动峰年"；把太阳黑子最少的年份，称为"太阳活动低年"。太阳黑子的出现，会直接影响地球空间环境变化和人类的生存状态。例如：

太阳黑子会对地球的磁场和电离层产生干扰。地球磁场受干扰，会使指南针不能正确指示方向，让动物迷路；电离层的干扰，会使无线电通信受到严重影响或中断，直接影响飞机、轮船、人造卫星等通信、定位导航系统的安全。

太阳辐射的成分包括了射频无线电波、红外线、可见光、紫外线、X 射线、γ 射线等整个电磁波段，当太阳黑子爆发时，强烈的太阳辐射会对人体健康造成一定危害。有文献记载，从 **1173~1976** 年的 **803** 年间，地球上发生过 **56** 次流行性大感冒，而恰恰都出现在太阳黑子最活跃的年份。因为，高峰期的太阳黑子活动会发射大量的高能粒子流与 X 射线，它们都会直接或间接影响到地球环境和人的健康状态。例如，①地球磁暴，气候异常，地球上微生物会大量繁殖；②生物体物质出现电离现象、感冒病毒变异或突变、产生强感染力的亚型流感病毒，形成流行性感冒等；③人体的生理发生其他复杂的生化反应，免疫能力降低等。科学研究统计还发现，在太阳黑子活动的高峰期，死于心肌梗死的病人数量急剧增加。

此外，科学家们在长期研究中还发现，太阳黑子增多的年份，地球气候干燥，地震增多；黑子少的年份，往往暴雨成灾。**1999~2001** 年间，正好是太阳活动峰年，太阳黑子最高数目达到 **170** 以上（图 5-9）。当时我国发生连续三年的特大旱情，**2001** 年国家统计数字表明，山西、山东、河南、辽宁等北方地区灾情特别严重；我国境内全年发生 **5** 级以上地震 **35** 次（图 5-10），其中 **12** 次成灾，直接经济损失达 **14.8** 亿元。

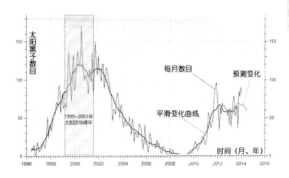

图 5-9 第 23~24 太阳活动周期黑子观测记录表

图 5-10 昆仑山口 2001 年 11 月 8.1 级地震形成的断裂缝

太阳上的闪电 —— 太阳耀斑

从地球上看太阳时，除了能够看到太阳黑子外，还会看到另一种相反的现象：在一群黑子的上空，突然爆发出明亮闪耀的光芒，就像我们地球大气层中的"闪电"一

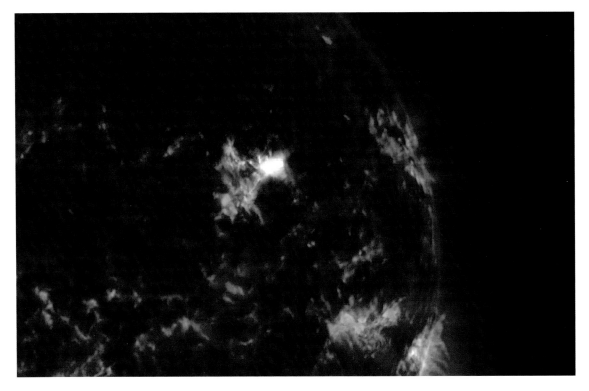

图 5-11 美国宇航局发布的一张太阳耀斑照片

样，但它决然不同于我们熟悉的闪电，科学家们称它为"太阳耀斑"，是一种剧烈的太阳活动。

太阳耀斑（图 5-11）是发生在太阳色球层中的一种剧烈活动，它在几分钟到几十分钟之间，亮度迅速上升，然后慢慢下降，通常在太阳活动峰年会频繁出现，而且强度大。太阳耀斑虽然出现的时间不长，在地球上看到它也只是一个亮点，但它的能量却很惊人，它那一闪亮之间，就等于是地球上 10 万到 100 万座大型火山爆发，发出的能量相当于上百亿颗百吨级氢弹的爆炸。它发出来的辐射，除了包括整个电磁波段外，还有冲击波、高能粒子流和能量特高的宇宙射线。

太阳耀斑爆发时，就像发生一场太阳系的宇宙"地震"，瞬间波及地球，严重破坏正常的地球空间环境：地球大气层被搅得天翻地覆；强烈辐射与地球高层大气分子发生剧烈碰撞，破坏电离层，导致其失去反射无线电电波的功能，通信、定位及电视、电台广播受到干扰甚至中断；高能带电粒子流与地球高层大气作用，产生极光；地球磁场发生磁暴；大量的高能粒子到达地球轨道附近，严重危及飞船上航天员和仪器的安全；甚至会直接或间接地影响到地面气象和水文变化……

历史上有记录的首次太阳耀斑高能辐射袭击地球的事件，是由英国一位业余天文学家理查德·卡林顿，在 1859 年 9 月 1 日，用私人天文望远镜观察到的，所以这在天文学界被称为"卡林顿事件"。美国航空航天局的科学家们认为，那是过去 500 年内最强的一次太阳耀斑爆发。它的影响震惊了全球，高能带电粒子流与地球高层大气作用产生的极光在低纬度的夏威夷岛都能看到。当时已经有了有线电报，但全球电报业务被它中断，一位电报员描述说，电报机不断冒着火花，电线也被熔化。

20世纪50年代后，人们对太阳有了系统观测研究，太阳耀斑爆发引起灾害事故的报道屡见不鲜。1989年3月6日至19日连续爆发许多大的太阳耀斑，造成许多全球性灾害事故。当时多颗近地卫星和同步轨道卫星发生异常，甚至报废；全球无线电通信受到干扰或中断；轮船、飞机导航系统失灵；加拿大魁北克的一个大型电力系统被毁坏（图5-12）；美国新泽西州一座核电站的巨型变压器烧毁……类似太阳耀斑事件还有许多，此处不一一叙述。今天的科学技术有能力让我们实时观察到太阳耀斑对地球环境的影响。人类无法干预太阳的自然活动，但可以利用科学指导、规避事件的影响，减少或降低它带来的灾害，让地球人类有一个安定

祥和的生存环境。

丰富多彩的太阳耳环——日珥

如果有一架业余的天文望远镜，你就会看到太阳的另一种现象，那就是在太阳周围是一个个跳动着的色彩鲜艳的红色环圈，好像是爱美的太阳戴的"耳环"，看上去很美丽，也很夸张！因为一些大的"耳环"会高出日面几十万千米，能够持续存在几周、几个月时间；一些小的"耳环"，也有9000多千米高，1000多千米宽，而且还不断变化，存在时间最短的只有4~5分钟！这就是发生在色球层的另一类非常强烈的太阳活动，科学家称它为"日珥"。当观察日珥的背景是宇宙空间时，看到的是一个太阳的"耳环"，它的喷发高度可以达到几十万千米；当日珥的背景是太阳本身时，它就像飘在太阳上的一

图5-12 加拿大魁北克电力系统被毁现场

条彩带，被称为太阳暗条（图 5-13），其长度可以达到数十万千米。日珥和暗条的本质都是太阳色球层向日冕层抛出的等离子物质。

日珥可分为爆发型、宁静型和活动型。宁静型日珥，在观测时间内似乎是不动的；而活动型日珥，则在不停地变化，它们从太阳表面喷出来，划过一条弧线，又慢慢回落到太阳表面。但是也有些日珥喷得很快、很高——直接抛射到宇宙空间去了；最壮观的爆发型日珥，高达几十万千米，好像是挂在宇宙间的一条项链。

日珥出现时，太阳大气的色球层好像是发生了燎原大火，玫瑰色的舌状气体烈焰腾空，宛如一场艺术灯光烟火晚会，时而浪涛翻滚，时而虹桥飞跨，时而喷泉冲天，时而花团锦簇，万千姿态，百般妖娆。不管如何变化，日珥总是贴附在太阳边缘上，所以才有了那么一个温柔的名称"日珥"。色球上的等离子体物质喷射到日冕层时，相对于日冕层近百万摄氏度的温度来讲，它不过是温度在 7000℃左右的一团又一团密密实实的"冷气"，它为什么能够存在，而不被日冕层的高温吞噬？科学家认为，那是因为日珥被很强的磁场包围，磁场隔开日冕的高温，同时也支撑着它存在于日冕层中的光鲜倩影。日珥是发生在太阳大气层面的自身活动，一般对地球空间不会产生影响。但是，如果它进一步发展，伴随日珥的暗条发生崩塌或爆发质子事件等，就将会对地球环境产生一定的影响。

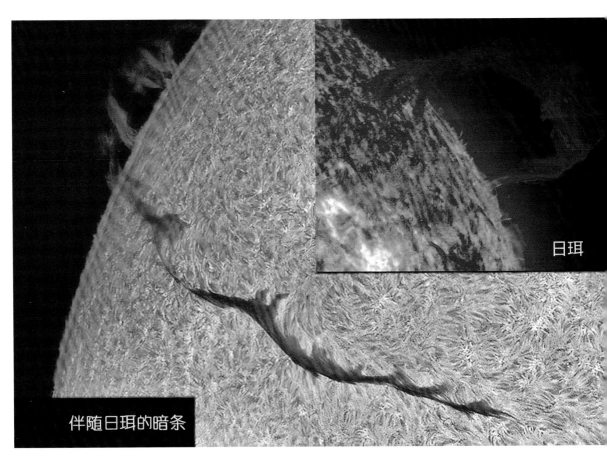

伴随日珥的暗条

日珥

图 5-13 2011 年 11 月 12 日 英国太阳观测者拍摄的太阳日珥与暗条

太阳上的喷泉——日冕物质抛射

什么是日冕物质抛射？是太阳日冕层空间，在短短几分钟或几十分钟时间内，以每秒几十千米到每秒几千千米的速度，把大量物质抛射到宇宙空间的过程。抛射出来的物质主要是由电子、质子组成的等离子体，它们大多数都来自太阳黑子群和太阳耀斑等活动区域，本来由太阳磁场封闭着，一旦冲破磁场约束，就会像喷泉一样射向宇宙空间。在太阳活动低年，可能隔一天喷一次；在太阳活动峰年，一天之内可能会喷发 5~6 次。由此可见，日冕物质抛射称得上是太阳最频繁的爆发活动之一。

太阳上的喷泉形态各异，蔚为壮观。环状的日冕物质抛射顶端有个明亮光环，不断向外扩展，却看不到它的下部，好像是一束礼花；泡状的日冕物质抛射像一个饱满的明亮气球，不断长大向空中飘去；束流状的日冕物质抛射更像是射向空中的音乐喷泉；而晕状的日冕物质抛射，亦真亦幻，像云朵、像喷雾，有种"雾里看花"的感觉，但是科学家认为这正是射向地球方向的，对地球环境影响可能是最大的日冕物质抛射（图5-14）。

日冕物质抛射是太阳系内、规模最大的太阳强烈爆发活动，它爆发一次能够释放出多达 10^{32} 尔格的能量和 10^{16} 克的太阳等离子体物质到行星际空间，并且还有 $10keV~1GeV$ 的高能粒子流，以及固结在当中的磁场磁通量。大量等离子体物质和巨大能量在太阳大气和行星际空间产生激波，引发近地空间的地磁暴、电离层暴和极光等自然现象。

在整个太阳系中，地球距离太阳算是相对较近的，强烈的日冕物质抛射所产生的巨大能量必然会波及并导致地球磁层、电离层、大气层等周围环境空间产生剧烈变化，会对在轨飞行的飞船/卫星的运行和通信、对航天员的安全、对依赖电离层传播的地面通信系统、对电网和电力系统、输油/汽管道系统、导航/定位系统等地球人类社会方方面面的基础设施造成难以预料的严重影响。

1997 年 1 月 6 日发生的一次晕状日冕物质抛射，触发地球磁暴，地球外辐射带高能电子通量突然增强，使得美国一颗同步轨道通信卫星失效（图5-15），造成直接经济损失 7.12 亿美元；1998 年 5 月 2 日爆发的一次日冕物质抛射，伴随着一个大的质子耀斑，使得地球磁层发生强地磁暴和磁层粒子暴，造成多颗飞行器发生异常或者失效，美国 80%

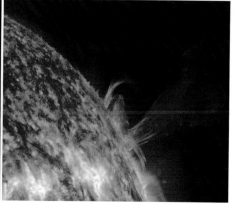

图5-14 日冕物质抛射照片（左：晕状；右：束流状）

的寻呼业务中断，无数通信系统瘫痪，金融交易陷入混乱。

来自太阳的"子弹飞"

1912 年德国人韦克多·汉斯在做空气电离实验时，意外发现了一种来自天外的穿透性极强、能量很高的粒子，他把它命名为宇宙线，意思就是来自宇宙空间的高能粒子射线。从此，研究宇宙线成为一个新学科。20 世纪 40 年代，美国研究宇宙线的物理学家福布什在进行全球宇宙线观测台站的统计数据研究时，发现在某些天多个台站同时探测到高能粒子突然大幅度增高的记录，而且这些记录无一例外都发生在太阳强烈耀斑后的几个小时内。因此，他推测这可能是太阳上的爆发活动引起的。后来众多科学家们也发现了类似的现象，进而证实，当太阳风暴、太阳耀斑和日冕物质抛射等活动发生时，会释放出大量高能量的带电粒子，在宇宙行星际空间不断加速后，十几分钟就可以到达地球，使地球周围的高能带电粒子数量增加数千倍，甚至上万倍。由于这些高能带电粒子中，质子占了总数量的 90% 以上，因此把这种事件称为太阳质子事件。太阳质子事件主要和太阳耀斑、日冕物质抛射等太阳活动事件相关（图 5-16），它与太阳黑子事件一样变化周期也为 11 年。在一个太阳活动峰年时，每年可达十多次，在太阳活动低年份则可能一次也没有。从统计数据上看，一个太阳活动周期中，强质子事件大约 10 次，中等质子事件 30 次左右，弱质子事件 50 次左右。

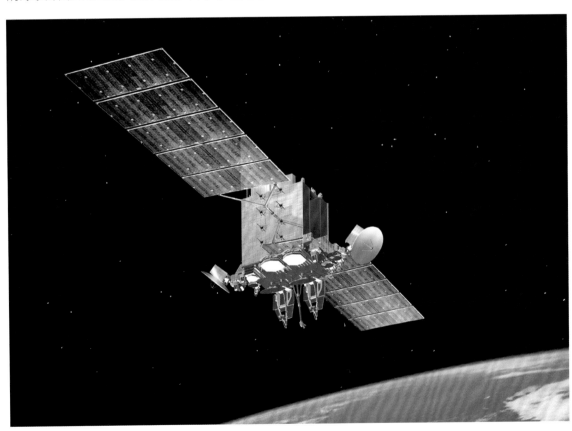

图 5-15 美国军用通信卫星

什么是高能粒子？在战场上，一颗小小的子弹能对敌人构成强大杀伤力，那是因为它通过枪支射出，获得了很高的速度。同样道理，来源于太阳的等离子体物质中，小小的质子、电子或是碳、氧、铁等各种重离子，当被抛射到行星际空间时，获得了每秒几千、几万，甚至十几万千米的速度，变成了"子弹飞"一般可怕的辐射粒子。

当发生太阳质子事件时，会使地球环境空间中的宇宙射线突然增强。强烈的高能粒子闯进地球空间，轰击磁层，引起地球磁暴；一些突破地球磁场防线的高能粒子，进入地球外大气层，深入电离层，会引起电离层扰动；还有部分高能粒子可能进入对流层和地表空间，造成近地空间辐射环境增大。当遭遇强烈质子事件时，在高能带电粒子的

"枪林弹雨"中，哪怕是几毫米厚的金属也能被击穿。但是，高能粒子在每突破一道防线的同时，有些就会被阻挡，能够继续穿透的数量会逐渐减少。所以，在地球空间的不同高度层面上，高能粒子的破坏能力也不完全相同，而真正能够到达地面的高能粒子数量非常有限，一般不会对地球生命系统造成灾难性影响。因此，科学家们更多地从空间环境角度研究太阳质子事件对航天、载人航天等空间活动的相关影响。

卫星、空间站、飞船等航天器在轨运行遭受到太阳质子事件影响时，可能造成电子仪器工作不正常，甚至失效；电子仪器的存储器单元可能出现不正确的翻转，造成工作程序出错，甚至可能因此发生卫星失效等严重事故。专业上把在地球同步卫星轨道上

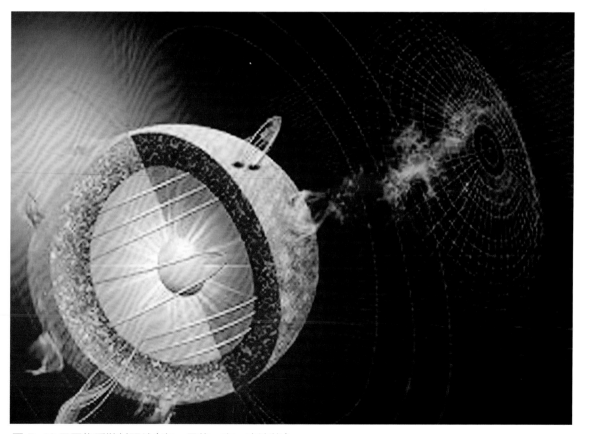

图 5-16 日冕物质抛射照片（左：晕状；右：束流状）

能够监测到大于 **10** 兆电子伏特的质子射入通量，规定为发生太阳质子事件的门限（图 **5-17**）。因为，地球同步卫星轨道距离地球大约 **36000** 千米，那里地磁场的屏蔽作用十分微弱，来自太阳的质子事件对航天器的影响最大；飞行在 **300~400** 千米低轨道上的航天器，由于有地球磁层对高能粒子的阻挡，受到质子事件的影响就要小很多，造成电子仪器意外事故的概率也要小一些。但是对于神舟飞船、空间站这类载人航天器，虽然它们属于低轨道航天器，但高能粒子流与地面放射性物质发出的射线一样具有致命的放射性，能够穿透航天服和太空舱，引起航天员身体器官的物理损伤，因此在航天工程中要有针对性地加强防护措施。

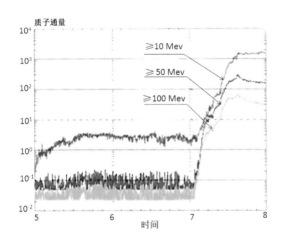

图 5-17 空间环境监测的一次质子事件（2012 年 3 月 5 日至 8 日）

飞行在同温层或对流层中的飞机，按理讲不会受到太大影响，但是由于那些被阻挡在大气层中的高能粒子会与大气中的氮、氧原子，发生连续的核反应并产生大量的次级粒子，这些次级粒子分布在十几千米高度的大气中，因此同样会对航空飞行造成影响。另外，在地球极区，由于粒子的能量很高，它能穿透到电离层 D 层，引起极区电离层的

电离增强，电子密度增大，对电波的吸收增大，我们称之为极盖吸收事件。极盖吸收会引起长波信号相位的改变，产生甚低频导航误差，也会引起中波广播和短波通信信号骚扰和中断。

从太阳吹来的风

生活在地球上的人类，对于风的暴虐并不陌生，在盛夏之际，一场突如其来的台风，山呼海啸，挺拔的参天大树被连根拔起，一座座坚固的房屋瞬间成为废墟……风是发生在地球大气最底层的自然现象，是地球大气运动。在太阳上，因为存在太阳大气，也同样会发生风暴，不过那个风暴的威力之大，是地球表面任何强大风暴都无法相比的。因为，太阳大气完全不同于地球大气，那里是等离子体状态的物质和高达百万度的气温，它卷起的是带电粒子，从太阳吹出来能够到达整个太阳系。在地球上的 12 级台风风速是每秒 32 米以上，而到达地球附近的太阳风风速，却经常保持在每秒 350~450 千米，乃至每秒 800 千米以上，是地球台风风速的上万倍，对于这样高的风速，虽然地球有一个"遮风挡雨"的地球磁层，但只不过是一道被吹得扭曲变形的"篱笆墙"，从这道"篱笆墙漏过来的风"进入地球大气层，足以影响地球空间环境，破坏臭氧层，干扰通信、定位，对人类及其他地球生物造成危害。

太阳风是从太阳大气的日冕层向空间持续抛射出来的物质高速粒子流。太阳风也有经常性的"和风"和突然爆发的"暴风"，不过这"和"与"暴"也是相比较来说的。太阳经常不断地辐射出来的粒子流，速度较小，粒子含量也较少，科学家称它为"持续太阳风"，应当算是和风；太阳活动时辐射出来的粒子流，速度大，粒子含量也多，科学家称它为"扰动太阳风",这就是"暴风"了（图5-18）！这种暴风对地球影响很大，它会引起很大的地球磁暴，地球两极会出现强烈极光，会引起地球电离层骚扰……不过，这种"暴风"也不是天天在刮，它总是和太阳黑子爆发、日冕物质抛射等活动紧密相关，所以也以11年为周期变化，峰年的太阳风暴频繁，低年相对平静的"和风"多一些，风暴会少一些。

地球上的风，人们只能够通过树木摇摆、尘沙飞扬、水浪涟漪、云飘雾动、迎风拂面等现象间接地看到，并不能直接看到。同样道理，太阳风只不过是太阳活动产生的巨大能量的传递者和扩散者，也不能够直接看到，只能够间接观察到相应的自然现象。例如，当你仰望太空，有时会看到一颗美丽的彗星，拖着长长的尾巴，划过寂静的太空，那就是太阳风的作用。太阳风迎头吹向彗星，彗星的物质被它吹离本体，在其身后形成长长的彗尾（图5-19）。现代科学观测到地球磁层也有和彗星相似的一条长长的尾巴，同样是太阳风的作用结果。人类现在具有了进入太空的能力，安装在卫星、飞船上的先进科学仪器，不仅能够探测到太阳风的存在，还可以探测到太阳风的物质成分主要由质子和电子组成，还有少量的氦核及重离子等，当然也会夹杂极微量的宇宙尘埃。

我们在谈到太阳风对地球环境影响时，只是从物理层面上看到它对地球磁层、电离层、臭氧层、地球辐射带等的直接影响和产生极光、造成通信干扰或中断等自然现象。其实，最新科学研究成果还证实，太阳风对地球长期气候变化有重大影响，科学家们发现在太阳11年的活动周期内，地球不同地

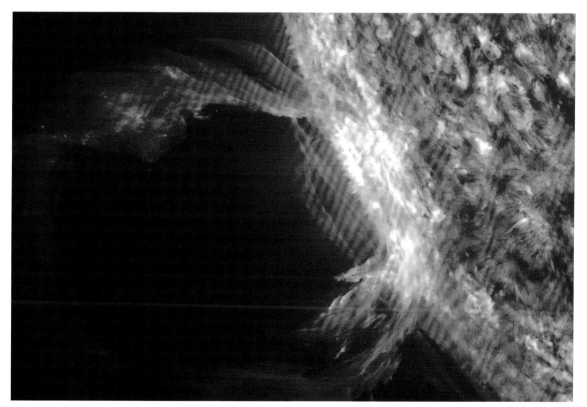

图5-18 美国宇航局发布的2013年一次太阳风暴日面照片

区的农业收成变化规律与它有着惊人的相似。太阳风也是地球上干旱、洪涝等自然灾害产生的直接原因之一；科学家们甚至还发现，地球生物种群的遗传变异、病毒的流行等也和太阳风有关。

太阳打"喷嚏"，地球发"高烧"

时刻都在运动的太阳，当它平静时，围绕它运行的所有行星兄弟们，都在祥和、安静的宇宙空间中，享受着它赐予的光和热；当它发脾气时，打一个"喷嚏"，行星兄弟们都得"感冒发烧"，地球也不例外。太阳的"喷嚏"因何而发生？太阳是一个高温、巨热的恒星，从宇宙间恒星的产生与发育观点上看，它正处于青年时代，在它的内核时时刻刻都在发生着巨大的核反应过程，释放出大量能量，这些能量最终要通过打"喷嚏"散

发到宇宙空间去。这个打"喷嚏"的散发过程就是太阳活动，太阳在围绕银河系中心转动的同时，也在自转，由于自转搅动磁场，使得太阳表面温度不均，形成出现在太阳光球层的黑子；太阳黑子中伸出由磁力线构成的日珥，日珥的相互撞击形成耀斑，抛出带电粒子，耀斑和日珥出现在太阳色球层；日冕层的物质抛射把能量传递到外层空间；太阳风从太阳冕洞中刮出，把太阳辐射的物质能量传递、散播到内、外太阳系。

在太阳的"喷嚏"面前，地球有一顶由磁层构建的"帐篷"和大气层这件能够保暖、隔热的"羽绒服"，虽然有点小感冒，但不会像金星、火星兄弟那样，因为"赤身裸体"而遭遇难以抵挡的"重感冒"。在大约45亿多年的地球诞生与发育过程中，太阳和地球这种关系就一直存在于延续、演化过程

图 5-19 彗星在太阳风的吹掠下，产生长长的彗尾

中，近 100 年间，人类才真正开始研究和认识太阳。特别是人类航天事业的迅速发展，既提供了先进的探测手段，又提出了应用的需要，所以对太阳活动研究有了较准确的认识——所有太阳爆发活动都不是孤立的，往往是综合、连锁发生，继而形成一个完整的物理过程；它对地球空间环境的干扰也是并发的，而不是单单一个方面。例如：

2000 年 7 月 10 日至 15 日太阳发生过一系列爆发事件。一次发生在 7 月 15 日的最强的太阳耀斑，伴随着发生一个强大质子事件，继而出现一个快速的晕状日冕物质抛射过程，因为这一天正好是法国国庆日巴士底日，所以科学家们把它称为"巴士底日事件"（图 5-20）。在这次事件中，地球磁场发生强磁暴，地球同步轨道高能粒子流量非常大，电离层受到强烈干扰，短波通信中断。在这次事件中，有多颗重要科学研究卫星严重受损，两颗卫星丢失，日本试验型 X 射线观测卫星控制系统失灵；许多地球同步轨道民用和军用通信卫星发生指向控制错误；国际空间站轨道下降了 15 千米。

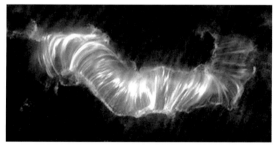

图 5-20 "巴士底日事件"太阳远紫外图像（美国宇航局发布）

2001 年 3 月 29 日一个强太阳耀斑，向外抛射出的高速等离子体，产生的太阳质子事件几个小时就到达地球，造成许多无线通信中断，高频通信系统以及低频导航系统受到影响，并在 31 日引起地球强磁暴，地

面电网、天然气／石油管线以及卫星系统均受到影响。恰在那段时期，我国南海上空发生了一件震惊世界的重大事件：4 月 1 日，一架美国电子侦察飞机擅自撞入我国南海专属经济区上空，对我国海防前哨实施抵近侦察。我国年轻的空军飞行员王伟，受命升空监视、拦截，却不幸与美机发生碰撞（图 5-21），迫使美国军机在海南陵水机场降落，而英雄王伟因飞机坠毁，跳伞后下落不明。我国军民及时投入大批力量搜救，但是 4 月 2 日太阳耀斑再次强烈爆发，成为有观测记录以来最强的耀斑，造成电离层扰动，威胁到军、民各大通信联络系统，使得南海搜救工作严重受阻。英雄王伟为了捍卫祖国尊严，献出了自己年轻的生命。2001 年 4 月 1 日成为铭刻在中国人心中的日子。

2003 年 10 月在太阳表面连续孕育出三个黑子群，最终在 10 月底酿成一系列大的太阳活动事件，对业务卫星、通信、导航、地面电力设施造成破坏。当时，全球短波通信中断，超视距雷达、民航通信出现故障，伊拉克战场美英联军通信受到影响；包括 GPS 在内的卫星导航系统和数十颗科学与应用卫星受到干扰破坏，一些空间探测仪器被毁；瑞典的一个电力系统遭到破坏，5 万居民用电中断；我国北方短波通信受到严重干扰，北京、满洲里无线电观测点短波信号一度中断。

2004 年 11 月 3 日至 10 日，太阳连续发生 9 个晕状日冕物质抛射事件，其中两个经行星际传播后到达地球造成大的地磁扰动，磁暴期间的极光扩展到地磁纬度 55 度，并引起强烈的电离层扰动，地面电网及管线系统都形成地磁感应电流，中国东北地区的一些输电系统的变压器都被激发出奇怪的叫声。

太阳频繁的活动，年年都会发生，这是它的"生命"现象。地球人类只能主动防

中国歼-8战机

中国英雄空军飞行员 王伟

迫降海南陵水机场的美军侦察机

图 5-21 历史的记录

卫、科学应对，以减少灾害事件的发生，让地球文明持续健康发展。我们常说，万物生长靠太阳，太阳赐予了地球生命，没有太阳就没有现在地球的存在，这只是对太阳古往今来的正面认识。而了解太阳黑子、太阳日冕物质抛射、太阳耀斑、日珥、太阳质子事件等对地球产生负面影响的科学认识还不到 **100** 年，对这些现象如何影响地球环境变化，如何制造了地球上若干灾难事件，还远远没有深入、透彻地认知。所以，研究太阳，研究它的各类活动事件，研究太阳风对太阳活动的传递和扩散的物理过程及规律等，成为空间天文和空间物理学的一个重要交叉学科。通过太阳物理学各个分支学科的研究、认知，掌握它们的规律，探索太阳过去、现在以及将来的发生、发展过程，是关系地球生命延续、人类进化与文明发展的重要领域。让太阳变得更加可爱，让宇宙间的自然活动规律变得不是那么可怕，不是改造，而是科学地顺应和规避，是现代科学所倡导的看待和处理客观自然的哲学思想。

第 **6** 章

地球周围的诡异事件

地球空间的"特区"——地球辐射带

全世界都知道，第一颗人造卫星是苏联在 1957 年 10 月 4 日发射的"斯普特尼克 1 号"，它的历史功绩是人类首次突破地球引力，开创了世界航天新纪元。但是，很少有人知道美国第一颗人造卫星背后的故事，包括它的诞生和发射历程以及它的历史功绩。其实，在 20 世纪 50 年代"冷战"时期，苏联和美国研制和发射人造卫星，都是纯属于政治目的，当被苏联抢先拿到第一颗人造卫星的荣誉后，美国有些急了，所以在苏联发射卫星后，就急忙宣称也要发射一颗"美国小月亮"上天。原定于 11 月 4 日发射的"美国小月亮"一拖再拖，直到 12 月 6 日，才在美国媒体的大肆宣扬和广大民众的翘首期盼中，坐上了"先锋号"运载火箭，准备去追赶苏联的"斯普特尼克 1 号"。可是，不争气的"先锋号"却不给美国人长脸，在发射后仅仅两秒钟，就一个跟斗栽回发射台爆炸。好在发射台的工作人员都躲在有厚厚墙壁保护的隔离室里，才躲过一场劫难。这引来全世界媒体的嘲笑，连美国当时最好的朋友——加拿大也戏谑地报道"美国的'月亮'不中用"……悲催的 12 月 6 日成了美国航天忌日，这次事故也让美国的科学家、媒体和民众都冷静了许多。

1958 年 1 月 31 日，美国人再也不敢张扬，在佛罗里达州卡纳维拉尔角，默默地用"丘比特 –C"火箭把一根"橄榄球棒"发射上天了，这就是美国的第一颗人造卫星"探险者 1 号"（图 6-1）。探险者 1 号确实长得像一根橄榄球棒，它外形有点"丑"，还特别"瘦小"，只有约 203 厘米长、32 厘米粗、8.2 千克重，和苏联的那颗 83.6 千克重、圆圆的"小月亮"确实无法相比。但是，从科学意义上讲，探险者 1 号的功绩绝不输给斯普特尼克 1 号，因为它的升空，让科学家首次发现了地球空间的一个"特区"——地球辐射带。

探险者 1 号卫星为什么能够发现地球辐射带？是因为它运行在一个大椭圆轨道上，正好穿越了一部分地球辐射带，而且在它小小的体量中，装备了很多仪器，能够直接测量所在空间的宇宙线、微流星以及卫星内、外温度等。当探险者 1 号飞行到 800 千米高空时，卫星上测量宇宙线辐射的计数器读数突然下降到 0，这使得科学家们很迷惑，因为那时他们还不知道有辐射带，认为是仪器故障。但一位美国物理学家——范·艾伦却认为，这不是仪器故障，是空间存在着大量高能粒子辐射，导致计数器达到饱和而失灵造成的！这一推断是否正确，科学家们在其后发射的探险者 3 号、探险者 4 号两颗卫星上进行了验证实验，证实了他的推断。所以地球辐射带又被称为"范·艾伦辐射带"，以纪念这位科学家首次发现地球辐射带。

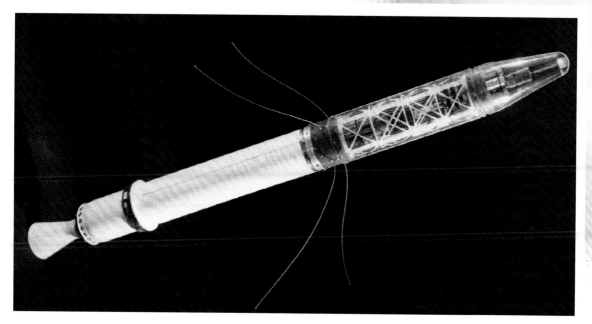

图 6-1 美国第一颗人造卫星 "探险者 1 号"

地球辐射带是太阳风、宇宙线与地球高层大气相互作用产生的高能粒子被地球磁场俘获，在地球周围形成一个像 "蝴蝶结" 形状的强辐射区域（图 6-2）。地球辐射带的

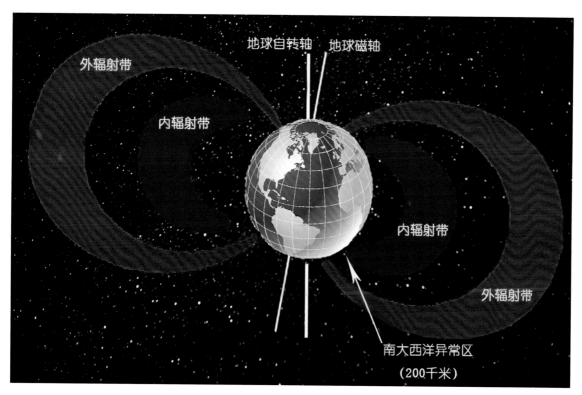

图 6-2 地球辐射带二维平面模型图

区域分布很特别，它对称于地球赤道向南北纬度方向形成内、外两层环带，而南、北极上空却没有，并且东、西半球的高度也不一致。内环带的中心高度在赤道上空大约 9000 千米，而在南、北纬 40° 附近，高度只有 200~400 千米，带内的质子能量可以高达 50 兆电子伏特，电子能量能够超过 30 兆电子伏特；外环带中心的高度在 12000~18000 千米，厚度约 6000 千米，范围可延伸到南北磁纬 50～60 度，但是它的带电粒子能量要比内环带小。内、外环带相比较，内环带以高能质子为主，外环带以高能电子为主。

地球辐射带在空间的特殊分布，又像是套在地球上空的两个汽车轮胎，对几乎所有绕地球运行的航天飞行器都有直接影响（图 6-3），所以受到科学家们的广泛关注，从而衍生出了磁层物理学这个全新的研究领域。

2012 年夏季，美国发射了两颗范·艾伦探测器卫星，专门进行地球辐射带的探测研究，结果又意外地证实了在地球辐射带中还存在新的第三个辐射带。

地球辐射带的发现还不到 60 年，科学家对它的认知还远远不够。研究太空气候事件中辐射带内高能粒子产生和加速的机制，研究并预测地球辐射带与太阳活动喷发物质的关系等，将为航天飞行器的安全保障和地球通信系统的正常工作提供理论依据，是当代空间物理学的前沿课题之一。

太空中的陷阱——南大西洋异常区

20 世纪 60~70 年代，正是美、苏太空竞争最激烈的时期，除美、苏之外，法国、英国、日本等许多国家，为了能够跻

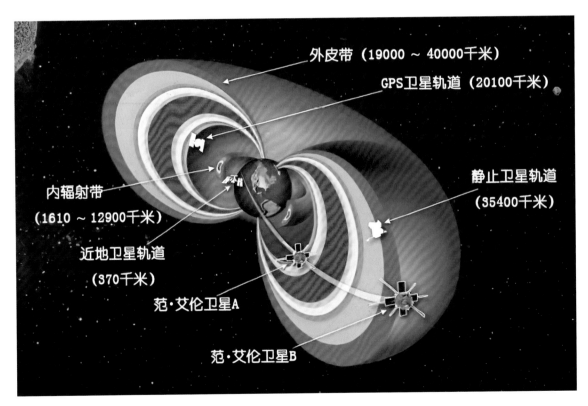

图 6-3 地球辐射带探测研究的三维示意模型

身太空俱乐部，都相继提出了自己的人造卫星计划。当时中国国家主席毛泽东，早在 1958 年就提出"我们也要搞人造卫星"，但因 1959 年到 1961 年国家遭受重大自然灾害，以及中苏关系的破裂等政治、经济原因，直到 1965 年才启动了中国的人造卫星计划。1970 年 4 月 24 日，中国第一颗人造地球卫星在酒泉卫星发射中心成功发射（图 6-4），由此开创了中国航天史的新纪元，使中国成为继苏、美、法、日之后，世界上第五个独立研制并发射人造地球卫星的国家。但是，那个时代发射的绝大多数卫星，在经过南大西洋上空时，都遇到和探险者 1 号相同的问题，星上探测仪器会突然陷入紊乱状态或工作中断，星上计算机发生程序错误，不听地面指挥，甚至有些卫星直接停止了工作。于是，航天专家们惊呼，在南大西洋上空，存在着一个像"百慕大魔鬼三角"一样

的"太空陷阱"，并且给它取了一个专业名称"SAA"，这就是航天领域人士所说的"南大西洋异常区"。20 世纪 60~70 年代，由于地球辐射带刚发现不久，对它认识有限，卫星制造者只能采用范·艾伦当初的老办法，给星上电子仪器加装一块薄铝片来屏蔽大部分带电粒子，以保障卫星在飞过大西洋上空时电子仪器不被破坏，或者是用指令提前关闭星上设备，来躲避"太空陷阱"。

这个"太空陷阱"是怎么形成的呢？我们知道，地磁轴与地球自转轴有 11° 左右的倾角，磁轴穿越赤道平面时向西太平洋方向偏离 500 千米，这就使得南大西洋上空的内辐射带向地面延伸大约 500 千米，离地面仅 200 千米，形成覆盖了从北纬 10 度到南纬 60 度，东经 20 度到西经 100 度的大片区域（图 6-5），那里的磁场强度通常只有同纬度正常区域的一半左右，这种弱磁场异常现象，更加强了辐射带内的高能带电粒子聚

图 6-4 中国第一颗人造卫星升起的地方

集，会对低轨道航天器造成严重的辐射危害。

为了应对航天器飞越南大西洋异常区可能会遭遇的危害，现代航天器及其空间应用的仪器设备通常需要特殊设计。例如：

1. 电子设备的集成电路，元器件均集成在一个很小的芯片上，相隔很近的线路往往会因为一两个高能粒子撞击发生短路现象；一个存储单元，如果遭遇到高能粒子撞击，就会产生错误翻转，形成错误指令，进而造成航天器失控或探测器的数据混乱，所以凡是空间应用的电子设备，均应采用良好的防辐射屏蔽设计，特别是对于一些敏感的电子系统，除了给予良好的屏蔽之外，还应尽可能安置在不易受到高能电子轰击的航天器中央区域。

2. 航天器飞行在南大西洋异常区时，还可能会遇到类似"雷击"的现象，因为异常区内的高能带电粒子比正常区域要密集得多，航天器在飞行过程中，表面会产生越来越多的静电荷，在航天器的内外形成很高的电位差，最终造成自然放电现象，进而威胁电子设备的安全，所以现在航天器设计普遍采用导电外壳和整体统一接地技术，让航天器在经过异常区时，可以把电荷释放到太空中去。

3. 载人航天器飞过异常区时，对宇航员的生理也会有影响，长期飞行会对造血系统造成损伤。因此，通常在穿越南太平洋异常区的轨道时间段，不安排航天员出舱活动，并且航天员要穿戴加强防辐射能力的太空服等来保障其安全健康。

近 60 年以来，地球辐射带研究作为一个新兴科学领域，发展迅速。在新的科学认知指导下，创新发展的航天高科技完全能够控制或消除南大西洋异常区对航天活动的影响，那里已经不再是太空陷阱！

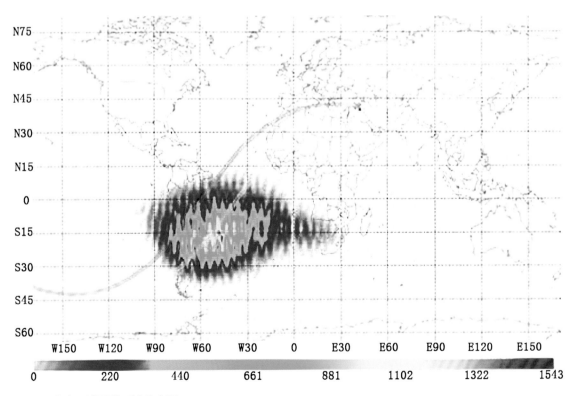

图 6-5 南大西洋异常区域分布图

太空中的"雾霾" —— 粒子沉降

我们日常生活中能观察到两种现象：有时尘土飞扬飘浮在空间；有时风清月明，尘土都落回了地面。尘土受到大气运动产生的浮力超过地球对它的引力，就会停留在或漂浮在大气中；当大气运动较弱，尘土的重量大于浮力，它就落回地面。

物质的重量就是地球对它的引力大小，我们将一瓶浑浊的水放在桌面上，静静地不去动它，等一段时间，就会看到瓶里的水变清了，因为本来混合在水里面的一些非常微小的固体颗粒物质，在地球引力作用下，沉淀到瓶底了（图6-6）。

头天晚上还很干净、明亮的桌椅，第二天早上又蒙上一层灰，这是因为地球引力作用，飘浮在空气中的尘埃颗粒降落到了桌椅上。我们称：一种物质在另一种物质中飘浮起来为"悬浮"；悬浮在一种物质中的另一种物质沉淀下来为"沉降"。

自然界中，各类物质能够存在的最小自由状态质点，被统称为粒子，如原子、电子、质子和中子等不同层次的粒子，多

图6-6 悬浮与沉降概念示意图

达百种以上。单个的粒子，因为太小，人眼无法看到，但是通过自然界的很多现象能够认识它。例如，地球周围经常会有许多大小只有0.001~100微米的微小固体颗粒物质或水滴，分散并悬浮在空气中，当它们悬浮在高空时就是云，当它们停留在近地表面时就是雾或霭。而我们常见的霾，则是大量极微细的固体尘埃粒子均匀地浮游在空中，使得空气变得混浊，能见度小于10千米，对现代都市人的生活影响很大。特别是空气中那些直径小于或等于2.5微米的颗粒物，能够直接进入人的肺部，含有大量有毒、有害物质，它们在大气中长时间停留和浮游、扩散，对人体健康和大气环境质量影响很大（图6-7）。所以如果预报的PM2.5含量过高，广大市民就会恐慌，因此预防和治理PM2.5污染成为改善环境的迫切任务。

粒子状态的固体或液体分散并悬浮在气体介质中，形成均匀的混合物，科学专业术语称之为"气溶胶"。我们日常生活中使用的喷雾杀虫剂、喷雾香水、发胶都是气溶胶产品。大气中的云、雾、霾、尘埃也是自然界的气溶胶实例。我们经常看到晴朗的天空是蓝色的，太阳下山时天空又会变成橘红色，这是空间中气溶胶物质粒子对光散射的结果。由于大气中的气溶胶，天空才有五彩缤纷的颜色变化。

大气气溶胶形成的原因多种多样（图6-8）。例如，火山喷发的烟尘；被风吹起的尘土；海水蒸发的盐粒，细微的水滴；地面生物排放的细菌、微生物、植物的孢子花粉；航空、航天排放的废气；在地球大气层中，还经常有地外来的流星燃烧所产生的细小微粒和宇宙尘埃；人类生产活动造成的燃料未燃尽所形成的烟，采矿、粉碎加工时所形成的固体粉尘，人造烟幕和毒烟，等等。由此可见，气溶胶的成分非常复杂，它含有

图 6-7 遭遇雾霾天气的北京实景

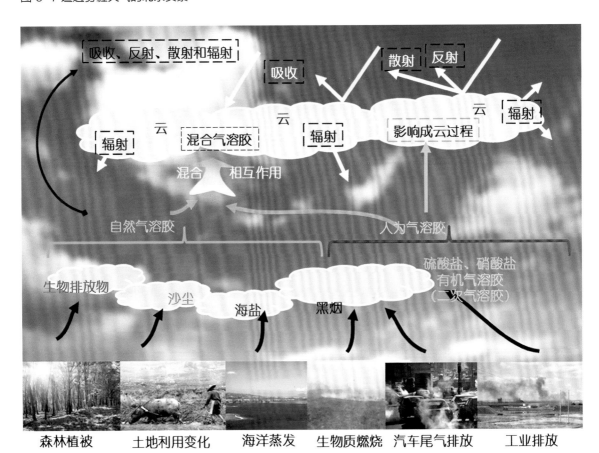

森林植被　　　土地利用变化　　　海洋蒸发　　　生物质燃烧　　　汽车尾气排放　　　工业排放

图 6-8 气溶胶形成演化示意图

各种微量金属、无机氧化物、硫酸盐、硝酸盐和含氧有机化合物等。气溶胶是大气中极其重要的组成部分，它不仅直接影响人类健康，污染环境，增加大气的化学反应，降低空气能见度，增加降水和生成云和雾的可能性，还会影响大气对太阳光的吸收、反射、散射，进而影响地球环境温度和植物生长。

因此，气溶胶粒子是影响天气和气候的重要原因之一，气溶胶研究在大气化学、云和降水物理学、大气光学、大气电学、大气辐射学、气候学、环境医学和生态学等各个学科领域都有非常重要的意义。

在地球高层大气空间，也有类似地面雾霾和近地空间气溶胶的现象，那就是科学家们所说的"粒子沉降"，但是三者有本质上的区别。空间粒子沉降是指来自宇宙空间的高能射线和太阳剧烈活动产生的高能带电粒子袭击地球磁层，使本来相对平静的地球磁层发生磁暴等一系列扰动，许许多多高能粒子沉降到地球高层大气空间。它的粒子沉降会

干扰正常的地球高层大气环境，引起电离层扰动，使地球辐射带产生变化，甚至会导致臭氧层的变化，有时同温层、对流层大气系统也会受其波及。

常被人们津津乐道的极光，是最典型的粒子沉降自然现象（图6-9）。来自太阳的高能带电粒子到达地球附近，由于地球磁场迫使其中一部分沿着磁力线向地磁两极沉降到高层大气中，与大气中的原子和氧、氮分子发生碰撞，激发放电现象，氧元素发出绿色和红色的光，氮元素发出紫、蓝和一些深红色的光，这些缤纷的色彩组成了绮丽壮观的极光景象。

粒子沉降对人类航天活动的影响，是科学家们最关注的重点之一。因为在轨飞行的航天器遭遇高能带电粒子的袭击，可能会导致航天器表面充电、仪器设备异常或损伤、通信系统受到干扰或中断、航天员遭遇强辐射的健康安全危机，等等。所以粒子沉降无论在空间物理学还是在空间环境科学研究领

图6-9 极光现象的实景照片

域都是一个重要课题。

宇宙"信息"—— 银河宇宙线

我们讲述发生在地球周围空间的各种自然现象时，追本溯源，几乎都可以归结为太阳及其活动的影响。地球是太阳系中一颗行星，太阳是太阳系的唯一恒星，是地球存在的母体，太阳的一举一动，都会直接影响到地球环境，这很容易理解。

但是，在浩瀚的宇宙空间里，太阳系仅仅是银河系的一个星系，银河系也只是数不清的星空中的一个星团，那些发生在不断演化、发展过程中的其他宇宙天体上的事件，我们又如何去认知？那些事件是不是也会影响地球环境呢？这是天文学研究的科学范畴，现代天文学利用先进的观测手段，几乎可以看到超过百亿光年距离之外的天文事件（图6-10）。通过对那些事件的研究，可以解释宇宙是如何诞生的，了解人类生存的地球和地球所在太阳系的过去与未来的演化和发展过程。至于，那些发生在太阳系外遥远宇宙空间的事件，会不会影响当前的地球空间环境及地球本体，答案是肯定的，但由于距离地球太遥远，它们的影响不像太阳风那样强烈。可是，其中"银河宇宙线"和"流星体"两类现象对地球环境的直接影响，却受到科学家们广泛重视。

早在1912年，德国科学家韦克多·汉斯，在利用探空气球测量空气电离度的实验中，发现随着气球的升高，测到的电流变

图 6-10 哈勃望远镜拍摄的遥远星系照片

大，他认为这个增大的电流是来自地球以外的一种穿透性极强的射线所产生的，后人称这个射线为"宇宙线"，汉斯也因为首次发现宇宙线而获得 1932 年的诺贝尔物理学奖。在汉斯之后，宇宙线有两层含义：一是广义的宇宙线，包括太阳宇宙线和银河宇宙线；另一个是狭义的宇宙线，单指来自太阳系外宇宙中的，能量超过 10^{10} 电子伏（eV）的带电粒子流（1eV=1.602×10^{-19} 焦耳），由于它们绝大部分起源于银河系，所以又称为银河宇宙线（图 6-11）。关于银河宇宙线的起源，在科学上至今仍有不同的观点，有的科学家认为，它是宇宙中遥远的活动星系或超新星爆发时发射出来的；也有人认为，它是宇宙中本来就弥散着的带电粒子和具有磁场的星际气体波动发生随机碰撞，得到加速形成的；而新的学术观点则认为，也许两者皆有……

不管是哪种说法，银河宇宙线来到地球，都经历了漫长的太空"旅游"，使得它具有极高的速度，所以能量极大，现在能够测到的已经高达 1.5×10^{20} 电子伏特，而且科学家说，这还不是极限，也就是说还可能更高。既然银河宇宙线是来自太阳系外的宇宙空间，它必然也同时带来了不为我们所知的宇宙信息。科学家们研究发现：银河宇宙线的物质成分主要是质子、原子核或电子，以及比例非常小的反物质粒子，其中单纯的质子或氢原子核约占 89%，氦原子核或 α 粒子约占 10%，还有 1% 是重元素及 γ 射线和超高能量的中微子等。从银河宇宙线的化学组成中可以发现锂、铍、硼、碳、氮、氧、硅、铁、氖等各种物质元素，这给科学家研究宇宙天体的形成与活动，提供了丰富信息。例如，如果宇宙线中氖元素比较丰富，说明它可能是超新星爆发的产物。

银河宇宙线对我们地球空间环境和人类的生存空间有什么影响，是人们最关心的

图 6-11 银河宇宙线射入地球空间形意图

问题。当银河宇宙线到达地球磁层空间后，虽然会被地球大气层阻挡掉部分辐射，但它的强度依然很大，很可能对人类的空间活动产生破坏。例如，航天和航空设备上的各类控制、探测、测量仪器，大量使用高敏感的微电子电路，这些设备一旦遭到带电粒子的攻击，就可能无法正常工作或者失效，进而造成飞行器姿态失控、航天器轨道寿命缩短等；带电粒子沉积在飞行器表面会导致表面剥蚀等化学损伤，还会产生热效应使得航天器系统温度异常；特别是载人航天活动中，如果宇航员遭遇强宇宙射线，将严重威胁到他的生命与健康安全。美国加州大学进行了一项研究（图 6-12），发现执行火星任务的宇航员可能遭遇严重宇宙射线照射，进而造成中枢神经系统损伤，出现神经错乱、认知障碍，导致老年痴呆等。

全球变暖是一个受到国际社会普遍关注的问题，有科学家认为，温室效应可能并非是全球变暖的唯一罪魁祸首，宇宙射线有可能通过改变低层大气中形成云层的方式来促使地球变暖。这种观点的科学解释是：来自外层空间的高能粒子将原子中的电子轰击出来，形成的带电离子可以引起水滴的凝结，从而让云层生长。但是，当宇宙射线遭遇太阳风的吹扫时，会发生偏转，到达地球的宇宙射线会减少，产生的云层也会减少，因而太阳就可以直接加热地球表面。

还有几位美国科学家认为，宇宙射线很有可能与生物物种的灭绝与兴起有关。他们的观点是：宇宙射线是名副其实的"宇宙飞弹"，就像普通民众熟知的"航天辐射育种"一样，在某一阶段，突然增强的宇宙射线，很有可能破坏地球的臭氧层，并且增加地球环境的放射性，导致物种的变异乃至于灭绝；然而宇宙射线又有可能促使物种产生突

图 6-12 美国加州大学宇宙线对人体损伤实验系统

图6-13 中国西藏羊八井宇宙线观测站

变，从而产生全新一代物种。

宇宙射线研究是天体物理学一个重要领域。为什么在那些遥远的天体上，能够产生超常能量的粒子？迄今为止，人们并没有完全了解宇宙射线的起源，无论是产生于超新星大爆发，恒星"死亡"时放射出的大能量带电粒子流，还是超新星爆发之后的残骸，它们到达地球空间，就给人类认识绝大部分宇宙奇特环境中所发生、发展的过程，带来了丰富信息，打开了一扇认知宇宙世界的窗户。中国科学家在该领域的研究处于世界前列，西藏羊八井宇宙线观测站（图6-13）是国际知名的联合研究基地；2016年7月，位于四川稻城的高海拔宇宙线观测站破土动工新建，建成后将成为世界上最先进的宇宙线观测台站之一。

太空"流浪者"——流星体

1908年6月30日上午7时17分，在现今俄罗斯西伯利亚贝加尔湖西北方向的通古斯地区，一个巨大的火球划过天空（图6-14），发出像太阳般的光芒照亮整个大地，伴随撼天动地的沉闷爆炸声，蘑菇云直冲九霄，席卷起强烈的热浪，向八方猛烈冲击，所向披靡，瞬间莽莽森林、房屋建筑，通通被夷为平地，甚至650千米之外的窗户玻璃也被震碎……连续数日，原本幽深而宁静的夜空，变成惨淡的橘黄色，让整个欧洲和亚洲大部分地区，都能看到"世界末日"般的余晖。这就是发生在20世纪初，著名的通古斯大爆炸。

通古斯大爆炸已经过去了一百多年，一直被认为是近代地球上发生的，一次神秘、诡异的事件。因为，根据事后科学家们对现场的探测考证，那次爆炸威力相当于2000万吨TNT炸药，是1000枚广岛原子弹能量的总和，造成至少2150平方千米的原始森林被焚毁，成群的驯鹿在大火中化为灰烬……是什么原因引起如此巨大的爆炸？是流星撞击地球吗？可是事后的无数次现场考察，都没有发现任何陨石的踪迹，这让全世界科学家们感到困惑！于是各种千奇百怪的

图 6-14 通古斯大爆炸事件现场模拟图

说法纷纷出笼：有人说，是外星人驾驶的飞船在地球上空失事；有人说，是宇宙黑洞撞击地球；有人说，是从太空坠落的反物质；有人说，是从遥远太空来的彗星；甚至还有人说，是科学奇人特斯拉的天电实验在捣鬼……直到近几年，乌克兰国家科学院的学者们，用最先进的成像和光谱分析技术，在当年爆炸现场的泥炭中，发现了属于陨石成分的特殊物质，才证明那次爆炸事件的真正元凶是一颗流星。当时科学家的现场考察没有发现残留陨石，是因为这颗流星以一定角度冲入地球大气时，发生解体，仅有很少一部分物质抵达地表，这就是为什么最终只能在当地泥炭沼泽里，才找到极细微遗迹的原因。

　　流星是人们熟知的一种自然现象。在浩瀚的星空，存在许许多多的，小到毫米、微米的宇宙尘埃颗粒物质，以及大到数米、数十米，乃至上百米的块状物质，它们就像是无家可归的太空流浪者，沿着某一轨道绕太阳运行，被统称为流星体（图 **6-15**）。但是，学术上也有人只把那些直径在 **0.1~1** 厘米的细小物体和尘粒称为流星体；而把一些体积尺寸较大的称为流星（图 **6-16**）。流星接近地球时，受到地球引力进入地球大气层，与大气摩擦被燃烧，发出一串光迹，没有被烧尽的残余固体物质落到地面，被称为陨石。还有一类质量达到几百克的流星体，进入地球大气层后，还没有燃烧尽就继续闯入稠密的低层大气中，以极高的速度和大气剧烈摩擦，产生出耀眼的光亮，被称为火流星。有时从地面可以观察到，似乎从天空某一点释放出来许许多多流星，在天空形成了奇特壮观的景象，这被称为流星雨（图

图 6-15 由哈勃望远镜拍摄的太空"流浪者"

图 6-16 划过天空的流星

图 6-17 漫天飘落的流星雨

6-17），并按视觉上的流星发源地方位命名。比如，狮子座流星雨，是指流星发出的空间位置正好是狮子星座方位，而不是说它们来自狮子星座天体。

所以，流星应当是地球周围空间，时时刻刻都可能发生的，有着多种样式的自然现象，只不过大多数流星体只有沙粒那么大小，重量在 1 克以下，进入大气层时，不能被人们看见，能够看见的流星或火流星相对较少，流星雨也只在某个时期偶尔出现，能够造成通古斯大爆炸那样的流星撞击地球事件，也许是百年难遇。

既然流星体在太空普遍存在，而且受到地球引力作用，会不断地坠入地球大气层，那么它们也就必然会对地球空间环境产生影响。像通古斯爆炸事件那样的影响，虽然惨重，但不多见；一颗流星坠入地球空间，残存的陨石能够砸在头上的机会也不太大。然而，陨石会给科学家提供重要的宇宙信息，所以形成了一个专门的学科——陨石学。人们看不见的，绝大部分流星体进入地球空间后造成的影响，才是地球环境科学研究所关注的重点，因为它直接危害着人类航天的安全。例如：

1. 像沙砾一样的微流星体，虽然质量很小，但它们有很高的速度，任何航天器都难以抵挡速度为每秒 70 千米以上的微流星体撞击。美国航天局公布哈勃太空望远镜遭遇微流星撞击，在身上留下了 572 个微小撞击坑和被切削的区域；当年苏联的和平号空间站，被微流星体撞击得伤痕累累；一些长期在轨运行的卫星表面，被微流星撞击后，变成磨砂状态，从而加速了空间原子氧的侵蚀，寿命大大缩短。

2. 一些航天器上暴露在舱外的光学观测镜头、通信天线等，当遭遇微流星体撞击后，镜头的透光性能变坏，无法工作；通信天线面变得凸凹不平，系统功能失灵。

3. 航天器的太阳能帆板被撞坏，能源系统失灵。国际空间站由于太阳电池帆板被撞坏，不得不派航天员进行太空作业更换新的帆板。

一次偶发的流星雨事件，不仅仅危及在轨飞行的航天器，也可能导致航天器的发射、回收发生重大灾难性事故。所以，世界各航天大国，为了保障航天、载人航天的安全实施，都将流星体作为一个学科，在相关规律、机理和事件预报、报警，以及避让措施等方面开展研究，作为工程的保障任务之一。中国科学家在流星体研究领域，取得了许多具有国际水平的成果。例如，1999 年成功预报了狮子座流星雨事件（图 6-18），保障了神舟一号的成功发射和安全返回。

太空"垃圾"——空间碎片

除了上面所说的流星体之外，还有一类太空固体物质，对于航天活动同样是一大危害，那就是被称为"太空垃圾"的空间碎片。

1996 年 7 月 24 日，法国一颗用于地球环境研究的小卫星，入轨正常运行一年后，突然在 700 千米高空快速翻转失效。后经美英航天局联合查证，发现是卫星遭遇了一块空间碎片——该碎片以每秒 14 千米的速度撞击了卫星的姿态控制机构，整个卫星因此报废。而那块碎片，正好是 10 年前法国发射"阿里安"火箭时残留的火箭末级在空间分解形成的。

类似上述事件，在美国著名的哈勃望远镜、航天飞机，以及苏联的和平号空间站上多次发生：

哈勃望远镜从 1990 年 4 月，用航天飞机空间释放方式投入运行后，遨游太空 20 多年，书写了人类空间天文学观测最辉煌的

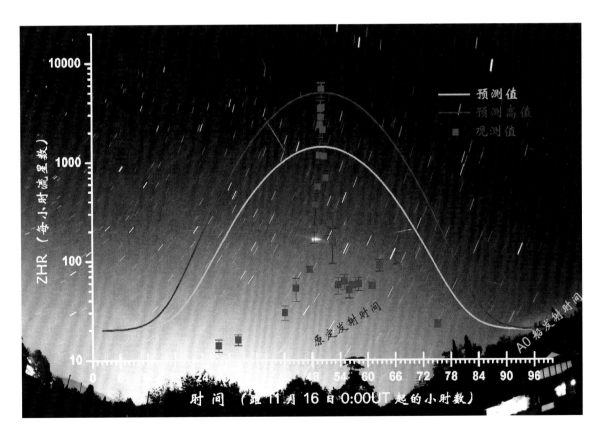

图 6-18 1999 年狮子座流星雨预报与发展比较图（中国载人航天空间环境预报中心发布）

篇章。可是，它却屡遭空间碎片撞击，美国对它进行过 5 次太空维修，在 2003 年 3 月的第四次维修中，换下来的一块工作了 8 年的太阳能帆板，已经被碎片撞击得千疮百孔（图 6-19），其中留下的最大穿孔达到 2.5 毫米以上。

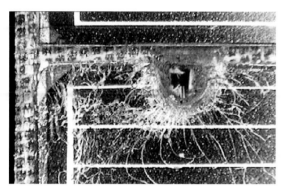

图 6-19 哈勃望远镜被撞击的太阳能帆板

航天飞机被世人称赞为美国航天史上最伟大的杰作，由于两次事故，让 14 名航天员葬身太空而退出历史舞台。就是那些安全返回的航天员们，看到航天飞机舱窗上，由空间碎片撞击出的深坑，也不由得倒抽一口凉气（图 6-20）！

让俄罗斯人引以为豪的人类第一个大型空间站，也曾经多次遭遇空间碎片袭击。当航天员看到那被撞击得面目全非的太阳能帆

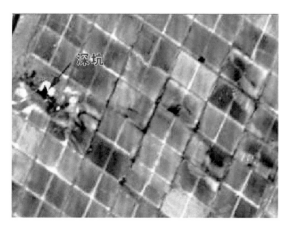

深坑

图 6-20 航天飞机被撞击受损的舱窗

板时，忍不住潸然泪下。

太空本来是洁净的，可是，自从 20 世纪 50 年代，第一颗人造卫星上天后，至今 70 年间，人类频繁的太空发射，在太空中制造了成千上万的空间碎片。它们的主要来源是：正在运行的航天器遗漏物品、弃用的航天器或报废失效航天器解体的残留碎片、运载火箭壳体或散落部件、航天活动相关的残留物体，还有一些如高空探测火箭等能够到达地球轨道高度的其他飞行器残留物体等。

2005 年统计的在轨的空间碎片，尺寸从几十厘米到数米，能够被跟踪、观察到，并被编入监视目录的，就有 9500 多个。此外还有无数小到厘米、毫米，无法跟踪监测的空间碎片，而且随着每年全世界的太空发射，太空碎片以每年 200~300 块的数量在不断增加。十几年之后的今天，还没有新的数据发表，但可以肯定，它们至少超过了 1 万块。这些空间碎片就像流星体一样，自由飘浮在空间，按一定的轨道围绕地球运行（图 6-21），而不是像流星体那样围绕太阳运行，而且 75% 左右的空间碎片分布在 300~700 千米的近地球轨道空间，这也是应用地球卫星和载人航天器活动最频繁的空间。所以，空间碎片与航天器碰撞的概率，远远大于流星体，是人类航天活动最大的潜在威胁之一。

空间碎片在太空中，依靠它们的轨道衰减，落入大气层自然消解的过程很缓慢。所以如何清除这些太空垃圾，成为一个重要的研究课题。出于保障航天安全，目前能够做到的，只能是被动应对，一是加强航天器结构设计，提升抵御微小垃圾的撞击能力；二是通过地面和天上的各种观测手段，对大块空间碎片进行跟踪、监测，建立档案，指导在轨飞行的航天器有效躲避。

空间碎片是人类活动的产物。人类航天活动的持续发展和空间碎片的日益增加，是

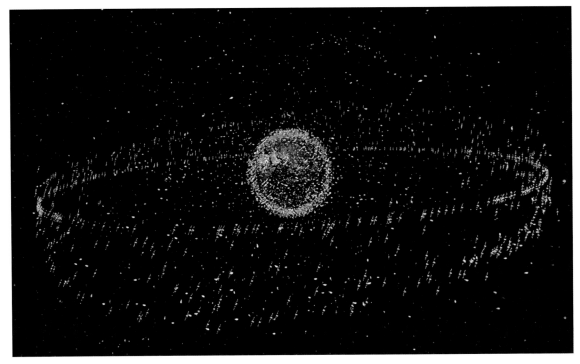

图 6-21 地球周围空间碎片分布示意图

一对矛盾，这也许就是一个如何处理人与自然的命题，未来如何应对这一矛盾，将是空间物理学家和航天技术专家共同关心的重大课题。

影响地球天气气候的地气辐射

20 世纪末，21 世纪初，是我国载人航天工程的起步阶段。2003 年新年伊始，中国载人航天工程系统向外界透露，即将发射的中国神舟三号飞船安装了太阳常数监视器、紫外监视器和地球辐射收支仪三台探测器（图 6-22），进行我国首次系统实施的空间环境监测任务。对于这样的报道，广大民众有很多困惑，首先是，不懂这三台仪器的生僻名称，其次是，不明白要干什么，对民众有什么好处。中国载人航天刚刚起步，要干的事情很多！为什么偏偏他们优先登上了神舟飞船……这一连串的质疑，让当时工程应用系统的科学家们，无暇一一应答。

其实，早在 1989 年开始的载人航天工程早期酝酿、讨论时，为什么要搞载人航天，载人航天要开展哪些应用，一直是科学家和决策者们重点思考的问题。对于当时并不富裕的中国而言，确定"造船为了应用，应用服务于民众"的工程目标，既容易得到民众的广泛支持，也可以通过航天应用技术发展，提升国家整体的科技水平。所以，优先安排地球环境监测等一批前沿性、创新性的应用任务得到了科学家和决策者们的一致认同。

三台探测仪器要实现的任务目标：一是在大气层外监测太阳光直接照射的地球上的能量变化情况；二是监测太阳辐射中紫外线变化情况；三是监测地球接收到太阳辐射和地球本身向外太空散发出的能量辐射是否收支平衡。因为，这三项是影响地球气候系统变化的重要原因，而气候变化与人们日常生活的衣、食、住、行都息息相关，是世界各

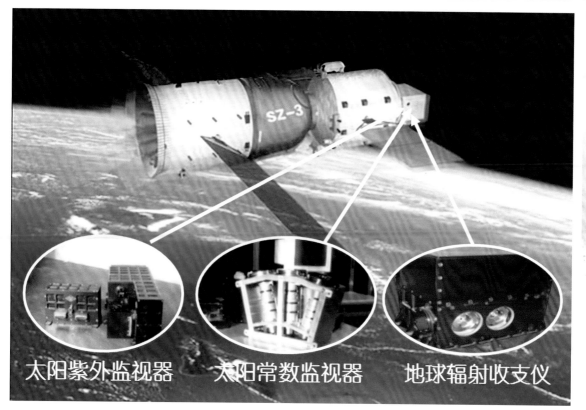

图 6-22 神舟三号飞船上的地球环境探测仪器

国科学家们广泛关注的问题。

在太空去监测太阳紫外线强度，是因为强烈的中、短波紫外线，如果没有臭氧层的阻挡，到达地面将成为地球生命系统的杀手。直接到达地球的太阳辐射中，紫外线成分多少，显然是研究地球环境变化的重要任务之一。

太阳常数是指太阳光到达地球空间，垂直照射到地球截面上的辐射能量大小。太阳常数只能在大气层外去检测，因为那里太阳辐射还没有被大气层吸收，检测的数据才是真实的。实际监测到的数据显示，在正常情况下，它是一个基本上不变的数字，大约为每平方米 **1367** 瓦特（图 **6-23**）。这是为什么？地球绕太阳转动的周期，是一个地球年，一年之中的每一天，太阳到地球的距离都不同，照理讲，到达地球的太阳辐射能

量强弱应当不同。但是，由于太阳到地球的距离太遥远，日一地距离的那点变化，对到达地球的辐射能量变化影响并不大，通常不超过 **3.4%** 左右，所以专业上称为"太阳常数"。如果监测到这个常数发生大的变化，那可能就是太阳发生了巨大而恐怖的活动事件，那将给地球带来重大灾难！

可能有人会问：既然到达地球的太阳辐射能量是一个常数，为什么地球上会有春、夏、秋、冬的冷暖变化呢？太阳常数与地球上的春、夏、秋、冬，没有任何关系。引起地球气候四季变化的原因是：地球在围绕太阳转动的同时，它也在围绕地轴自转，而地轴与它围绕太阳公转的轨道面，有一个大约 **23** 度 **27** 分的倾角，太阳光在地球表面的直射点，在地球南、北回归线之间移动，当太阳直射点在北回归线时，北半球接收的太阳

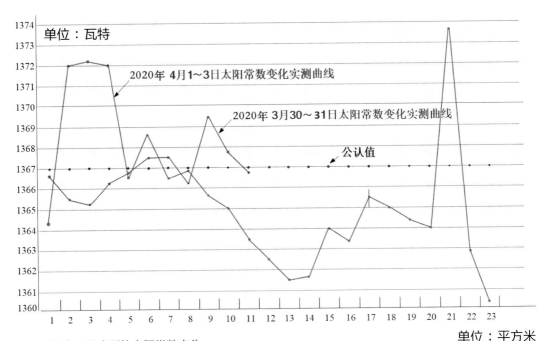

图 6-23 神舟三号实测的太阳常数变化

辐射就多，南半球就少，反之亦然。所以，才形成了地球上春夏秋冬的季节变化。

　　来到地球空间的太阳辐射是一个涵盖全波段的电磁能量辐射，但是 **97%** 的能量在可见光和热红外的 **0.3~3** 微米波段内。这些光和热的 **70%** 被地气系统吸收，使得生活在地面的人们，感觉到它既不过多，也不会过少，冷暖适度。剩余的 **30%** 会被反射回太空，其中的三分之二是被云层反射的，其余部分是被地面反射和各种大气成分散射掉的。地球大气和地表的反射能力，与大气运动状态、云层结构、大气中气溶胶、温室气体等物质成分直接相关，而大气中固体颗粒物质、尘埃、二氧化碳等又和人类的生活、生产活动相关，所以在不同天气状态、不同地域对太阳光和热的反射会有相对变化。譬如，大气层中云的类型和云的厚度，就可能使它的反射能力变化 **20%~70%**；地面上土壤的性质成分不同，森林、草地等植被类型不同，也会使地面反射能力变化 **10%~20%**；

相同地区如果被冰雪覆盖，海洋如果水面结冰，就可能使反射能力提高 **30%~40%**；一夜之间，天气突变，大雪纷飞，地面结上一层厚厚的新雪，它对太阳光的反射能力会增加 **60%** 左右。这些变化，随着季节和地球纬度不同尤其明显。

　　地球作为一个固体行星，无论是包围它的大气层，还是地面物质都会从自身向外辐射能量。无论是大气的辐射和反射，还是地面的自身辐射和反射，我们把它们看成一个整体，统称它们为"地气辐射"。换句话说，地气辐射包括了大气辐射和地面辐射两部分。大气辐射既有向外太空的，也有向地面的（图 **6-24**）。向地面的大气辐射，正好和地面向上的大地辐射方向相反，所以被称为地球大气的逆辐射。大气逆辐射是地面获得热量的重要来源，它使地面实际损失的热量比地面辐射放出的热量少一些。大气的这种保温作用称为"温室效应"，使近地表的气温提高了约 **18℃**。另外，大气中的气体物

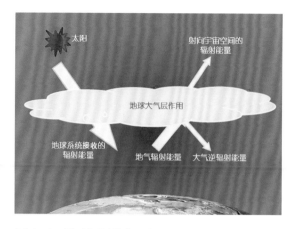

图 6-24 地球辐射收支平衡示意图

质，包括氧、水汽、云、雨、雾、冰等均会辐射电磁能，发出热辐射，专业上称这种热辐射为"热噪声"。这种大气电磁辐射会对无线电接收系统造成有害影响，但在微波遥感技术中，却可以利用大气辐射噪声的各种特性，来测量大气的温度和水汽密度分布，以及云中含水量等。

地面在不同波段的电磁辐射，反映着地面物质结构、形貌和性质，这很容易理解：人们照相利用的是地物、风景，以及人和事对光的反射特性；微波辐射计一类无源遥感器，所搜集的是地物的能量辐射，从而获取所关心目标的特征信息。影响到地球辐射收支平衡的地面辐射，绝大部分为 4~80 微米波段内的长波辐射和热红外辐射，辐射能量的 99% 集中在 3 微米以上的波长范围内。这类辐射大部分被云层和大气层吸收，只有小部分透过大气层直射太空，显然地球辐射的收支平衡，大气辐射起关键作用。所以，形成了一门大气物理学的分支学科——大气辐射学，专门研究辐射能量在地球大气内的传输和转换过程，是天气学、气候学、动力气象学、应用气象学和大气遥感等学科的理论基础之一。

第 7 章

地球忠实伴侣——月球

地球唯一的天然卫星

　　月球是除太阳之外，人们最熟悉的天体。在广袤无垠的天空中，它像一只银色的圆盘，高悬在天空，忠实地陪伴着地球。它和太阳一样，无私地给予地球光明，而且总是那么温柔、妩媚，没有太阳的火辣与暴躁。所以，古往今来，它一直是文人骚客讴歌的对象。唐朝大诗人李白的"床前明月光，疑是地上霜。举头望明月，低头思故乡"，是三岁孩童都能背诵的千古佳句。"明月几时有，把酒问青天""但愿人长久，千里共婵娟""露从今夜白，月是故乡明""清风明月本无价，近山远水皆有情"（图7-1）……举不胜举的名言、佳句，总是把月亮和人们的喜怒哀乐、悲欢离合紧密地联系在一起。似乎月亮能够用它那朦胧的光影，抚平人们的心灵伤痛，也能够用它那温柔和妩媚，激发人们的智慧与热情。由此看来，月球与地球的关系已经远远超过了自然，发展成人类精神文明象征的圣灵。我们在讲述地球周围发生的那些事儿时，自然不能缺少月球——这个地球人类精神寄托的奇异天体。

　　月球是围绕地球公转的一颗自然固态卫

图 7-1 清风明月本无价，近山远水皆有情

星，它也是地球唯一的自然卫星，是离地球最近的自然天体。"卫星"这个名词，人们并不陌生，因为我们经常能够听到，中国或世界其他国家卫星发射的新闻报道。但是，科学上定义的卫星，却是泛指围绕行星转动的一类天体，而不是专指人类发射的航天器。或者说，现在的卫星有两类：一类是人造卫星，是人工制造发射到天上并围绕地球转动的航天器；另一类是自然卫星，就像月球一样的自然天体。

太阳系的八大行星大部分都有自己的自然卫星。一个行星有没有自然卫星和它本身的大小有很大关系，如果本身太小，它的引力就不足以吸引另一个有一定大小的自然天体围绕它转动；行星本身较大，它的引力就能够吸引更多自然天体围绕它转动。但是，非常有意思的是，地球的左右邻居，火星的体积比金星还小，可是到目前为止还未发现金星有卫星，而火星却拥有两颗卫星；地球比火星的体积大，却只有一颗卫星——月

球；而距离地球较远的木星、土星、天王星、海王星都是气体星，体积都比地球大得多，它们都拥有众多卫星，其中有些卫星还可能拥有生命的迹象。例如，"木卫二"又名"欧罗巴"，是木星的第四大卫星，它和地球相似，也是由硅酸盐岩石组成，拥有大气层，表面布满了冰层，冰层下面存在着液体的海洋，在温暖的冰下海洋中很有可能拥有生命；土星的两颗卫星"土卫二"和"土卫六"也有类似"木卫二"的生命迹象。所以，并非只有行星才会具有孕育生命的条件，有些自然卫星也有可能具有孕育生命的概率。

月球在平均距离地球 38.4 万千米的轨道上围绕地球转动（图 7-2），至今尚未发现任何生命迹象。月球直径约 3476 千米，大约是地球直径的 1/4 多一点，体积只有地球的 1/49，质量相当于地球质量的 1/81，重力差不多是地球重力的 1/6。换句话说，如果一个 60 千克重的地球人到月球上去，他的体重就只有 10 千克。月球的结构和地球差

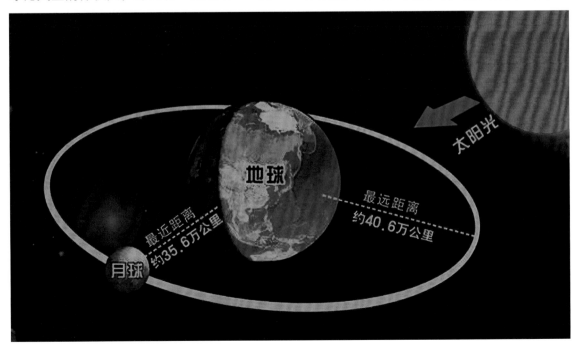

图 7-2 月球是围绕地球转动的自然卫星

不多，有月壳、月幔和月核，但是由于月球的引力太小，不能将气体分子大量吸附在月球的表面，一般认为它是没有大气层的。不过，这不是绝对的，在众多的月球探测数据中发现，月球表面有极其稀少的气体，大约是地球标准大气的百兆分之一，而且大气成分比较复杂，在月表面的不同地区，不同时间的大气成分很不一样。例如，在月球的黑夜时，大气中主要是氩、氖、氦，到月面日出时，会增加极少量的甲烷和氨；在有些月面地区还发现极微量的氢、氙、钠、钋和钾原子等。

正是由于月球没有大气层作为天然屏障，在太阳光垂直照射的地方，温度高达110~140摄氏度；在没有太阳光照射的地方，温度则低到零下130摄氏度至零下180摄氏度，在这样冰火两重天的炼狱世界里，在直接遭受太阳辐射和宇宙射线辐射下，既不可能产生生命，也不可能有生命能够生存。

月球从哪里来

当我们在晴朗的夜晚，看到那一轮皎洁的明月时，自然会想到一个问题：月球是从哪里来的？在没有科学常识的远古时代，自然会有许多关于它的神话传说。

在希腊神话中，太阳神阿波罗有个孪生妹妹，是位酷爱射箭的美女，她每天晚上驾驶一辆银车在天上巡游（图 7-3）。

中国台湾泰雅族有个传说，月亮本来是太阳的兄弟，一同遨游在天上，使得地面上的人们酷热难熬，于是有三位青年射手，肩负起了清除多余太阳的任务，他们射中了其

图 7-3 希腊神话中的月亮女神

中一个太阳，使得太阳鲜血流淌，逐渐失去光热，变成了今天的月亮，现在人们看到月亮上的黑色痕迹就是箭伤的瘢痕。

中国台湾高山族同胞还有一个更浪漫的故事：太阳和月亮本是一对恋人，他们为了替大地和人们寻找光明，走遍了天涯海角，最后飞上了天空，男青年变成了光芒万丈的太阳，女青年变成了温柔可爱的月亮。

神话是人们对未知自然现象的解释，是人们的期许，而真实的月球起源是现代科学领域内科学家们探讨的一个严肃命题，至今仍没有确定的结论。

1898 年，著名生物学家达尔文的儿子乔治·达尔文，提出了关于月球起源的第一个科学假说。他认为，月球本来是地球的一部分，由于地球转速太快，把一部分物质抛出去形成了月球，而遗留在地球上的大坑，就是现在的太平洋。这一观点受到很多人的反对，反对的理由是，地球的自转速度没有能力将那样大的一块东西抛出去，如果月球是地球抛出去的，那么月球和地球的物质成分就应该是一样的。20 世纪中期，美国实施了阿波罗登月计划，1969 年 11 月，阿波罗 12 号载人飞船从月球上带回来了约 32 千克的月球岩石样本，科学家对这些样本进行化验分析，却发现和地球岩石相差甚远。

既然不是地球抛出去的，那就应当是外来的。所以，有人提出：月球原来是太阳系中一颗自由飞行的小行星，由于它不小心靠近了地球，被地球的引力抓住，成了地球的卫星；还有人认为，地球引力不断地把游离在自己轨道附近的太空物质吸引到一起，久而久之，堆积成了月球。但是，也有人反对说，像月球这样大的天体，恐怕地球没有那么大的力量能将它俘获。

不是抛出去的，也不是外来的，那么是不是同时出生的"孪生兄弟"呢？所以，有

人认为，地球和月球都是太阳系中浮动的星云，经过旋转和吸收堆积，同时形成星体。但是在吸收堆积过程中，地球比月球要快一点，成了"哥哥"，月球变得小一点，成了"弟弟"。可是对月球上带回来的岩石样本化验分析发现，月球要比地球古老得多，地球年龄只有 45 亿年左右，而月球的年龄，至少应在 53 亿年左右。

为了解释月球的形成，一个关于"碰碰车"的故事，被科学家演绎出来：在太阳系形成的早期，星际空间曾形成大量的小星星，这些小星星相互间玩着"碰碰车"的游戏，互相碰撞、吸收堆积成两个一大一小的独立天体，分别形成了以铁为主的金属核和由硅酸盐构成的地幔和外壳，由于两个天体相距不远，相遇的机会很大，终于一次偶然的机会，其中小点儿的那个天体，高速撞向大的天体（图 7-4），剧烈的碰撞改变了大天体的运动状态，使它的转轴倾斜，而那个小的天体被撞击得四分五裂，以极快的速度携带大量粉碎的尘埃飞离大天体，在空间凝聚成现在的月球，还有一些小的碎片落到大天体上面，大天体转动速度也因为被撞击而降低，这就是地球。这个神话般的故事被科学家们普遍认可。但是地球和月亮是不是这样形成的，仍然有待科学家们用更多的证据去

图 7-4 月地形成的撞击假说想象图

证明。所以，月球的形成至今仍然是一个未解之谜。

月亮带给地球的是是非非

不管月球是如何形成的，地球人类对月亮的亲和，已达到不能没有的程度。我们可以想象，如果一年四季，地球的夜晚都没有月亮，那将是一个什么样的场景。恐怕"伸手不见五指"也不能形容那恐怖、阴森的黑夜。可是，月球并不发光，我们见到的月光，也只是它反射到地球上的太阳光，那为什么月光没有太阳光那么强烈呢？因为月面不是一个良好的反光体，当太阳光照到月面上时，91%均被月球吸收，只有平均9%的光线反射出来，经过35万至40万千米的长途"旅游"才到达地球表面。所以，在地球上感觉到的月光平均亮度只有太阳光的46万分之一，这相当于一个100瓦的电灯在距离21米处的亮度。但是，就是这样一点点光芒，已经为地球的夜晚增添了无限美色！

月球还有一些蹊跷的行为，让人们迷惑。例如，在地球上永远只能看到它的正面，它的后背从不向地球人展示。科学家解释说，因为月球围绕自身转动的周期和它围绕地球转动的周期基本相同，大约都是27.32个地球日，所以在地球上永远只能看到它的一面。我们来做个游戏：先在球场上画一个大圆圈，作为月球运行的轨道，你自己站在圆圈的中心充当地球，让你的朋友站在圆圈上充当月球，并面向圆心的你，然后让你的朋友开始沿圆圈走一圈，同时要求他自己边走边自己转身一周，在走完一圈时，你会发现，你朋友仍然是面向你的，你看不到他的背面（图7-5），这和我们看不见月球另一面是相同的道理。由于月球的背面永远不展示给地球人，那里隐藏着什么秘密，让地球人

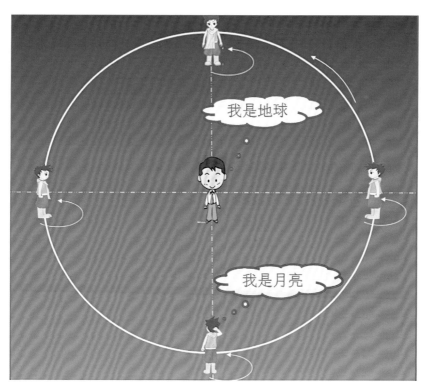

图 7-5 月球永远以正面面对地球的小游戏

充满幻想。

在地球天空上，月亮和太阳是人们看到的两个最大天体，它们俩在浩瀚宇宙空间看似各不相干地伴随着地球，沿各自的轨道运行。但是，却为我们演绎出奇异的天文现象——日食和月食。

月食是月球运行到地球的外侧时，地球挡住了太阳照射到月球的光线，当只挡住一部分光线时是月偏食；当月—地—日成一直线，全部挡住就是月全食（图7-6）。

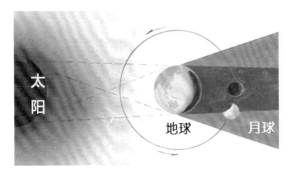

图 7-6 月食成因原理示意图

日食是月球运行到地球的内侧，它挡住了太阳照射到地球的光线，当只挡住一部分光线时是日偏食；当地—月—日成一直线，全部挡住时就是日全食（图7-7）；因为月球在太阳和地球之间，它距离地球又比较远，不能完全遮住太阳时，人们能够看到太阳成

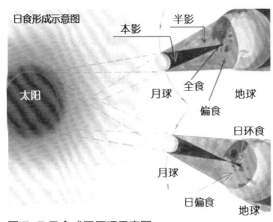

图 7-7 日食成因原理示意图

一个光环，这就是日环食。在古代人们不懂得这种自然天象时，赋予了它们无限的神秘色彩，把它们看作是灾难的预兆。通过现代科学观测，科学家可以准确预报出日食、月食发生的时间，以及在地球上哪些地方可以看到不同的日食或月食奇观。

地球和月亮互相绕着对方转动时的引力作用，是与人们生活息息相关的自然现象。人们熟知的潮汐，就是月球引力作祟。月球绕着地球公转的同时，它的引力会吸引地球上的海水共同运动，形成了潮汐（图7-8）。在地球早期，由于月引产生的潮汐作用，减慢了地球自转和公转速度，使地球自转和公转周期趋向合理，带给了我们宝贵的四季，减小了温度差，在创造宜居的地球世界中做出了贡献。现在的潮汐现象，是否还在减缓地球的自转与公转速度，那是科学家们研究的课题。对我们而言，重要的是海洋的潮汐运动带来了海洋生物世界的繁荣。另外，当月亮到达离地球近处时，对海水的吸引力增强，形成的朔望大潮也是一大景观，每年中秋节前后，我国著名的"钱塘大潮"就是月球引力和地球自转的离心力作用，加上杭州湾喇叭口的特殊地形所形成的特大涌潮，海潮来时，声如雷鸣，排山倒海，犹如万马奔腾，蔚为壮观。其实，像钱塘潮这样的景观，也不是只有一处，在我国的长江口、山东的威海、烟台都有大潮汐，只不过没有钱塘潮那么壮观。在世界上，还有印度的恒河、南美洲的亚马孙河河口也有著名的大潮出现。

既然月球引力能够牵动海水引起潮汐，人们自然会想到，地球上的地震和月球有没有关系呢？这正是困扰了科学家们近百年的问题。日本是世界上火山、地震最频繁的地方，日本和美国的科学家们在这方面的研究比较多，他们曾经共同发表过一个研究成

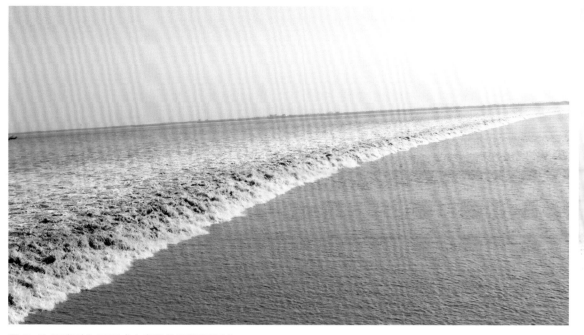

图 7-8 月球引力是形成大潮汐的重要原因之一

果：他们已经证实，在地壳发生异常变化、积蓄大量能量之际，月球引力很可能是地球板块间发生地震的导火索。还有科学家说，潮汐本身和地震就密切相关，猛烈的潮汐在浅断面层施加了足够的压力从而会引发地震。当潮很大，达到 2~3 米时，75% 都会发生地震；而潮汐越小，发生地震的可能性也越小。但是，这些研究还仅仅是猜测性的，还需要科学家们更长期地观察研究。因为，地震毕竟是地球上危害最大的自然现象之一，而地震的预报，仍然是一个没有突破的科学难题。

留下地球人足迹的第一个宇宙天体

也许正是由于月球和地球的这种亲密关系，月亮对地球人的这种亲和力，千百年来地球人都有一个登月的梦想，所以才有了"嫦娥奔月"那样凄美动人的故事。

当近代科学从欧洲兴起后，人们对天空关注的第一个焦点同样瞄准了月亮。1609 年伽利略制造出了第一台望远镜，他首先看的是月亮，他发现月球表面凹凸不平，绘制了第一幅月面图，给月球上明亮的部分取名为"环形山"，暗的部分取名为"海"（图 7-9）。现在科学观测证实，月球上的海，并

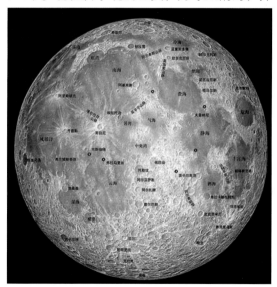

图 7-9 新标注月球面向地球的月面图

不像地球上的海那样充满水，它只不过是相对于"山"的低地，月球上的其他地形命名方式，仅仅是科学家仿照地球上的山、海、湾来区分月面不同区域的。

20 世纪中期，人类突破地球引力，有了进入太空的能力后，又是首先选中月球。从 1958 年到 2014 年的 56 年间，世界各国大约进行过 243 次对地球之外其他天体探测的航天发射，其中专门为了探测月球的发射就超过 110 次，占总探测量的 47% 左右。1959 年苏联获取了第一张月球背面的照片，1966 年 1 月又第一个把人造设备送上月球；同年 3 月给月球造了一颗卫星，围绕月球飞行，从各种不同角度拍摄月面"风景"……在当年冷战期间，美、苏两大国都希望自己领先对方，苏联获得的大量月球观测资料，激发了美国人的斗志，于是"阿波罗登月计划"把这场太空竞赛推向高潮。

1969 年 7 月 19 日，美国"阿波罗 11"号飞船成功地把第一个地球人送上月球，他就是宇航员尼尔·阿姆斯特朗，他踏上月球的那一刻，说："一个人的一小步，却是人类的一大步。"成为人类征服宇宙的旷世名言（图 7-10）。此后直至 1972 年 12 月阿波罗 17 号为止，美国先后实施了 6 次载人登月，从月球上带回的月岩样品多达 440 千克，在月球上安装了许多探测仪器，进行了太阳风实验、月震测量等多项科学研究，大大丰富了人类对月球的认识。

月球对于地球人不再那么神秘了，真实的科学考察和探测证明它就是一个荒芜的、没有生命迹象的自然天体。但是，在深入研究月球，揭开它神秘面纱的同时，关于月球上的一些新的科学问题又被提出了，例如，月球的内部结构到底是什么样的，为什么它的体积和它的质量是那么不相称，它的平均物质密度大约是水的 3.3 倍多；月球的过去到底经历过一段什么样的沧桑；月球上到底有没有水，能不能改造得和地球一样成为人类新的家园……总之地球人对月球的兴趣并没有减弱，相反对它有了更大的兴趣和更多的期许。

图 7-10 登上月面的第一个地球人

到月球上寻宝

当今许多国家都把探月、登月和月球开发利用作为自身国家航天计划的重要组成部分，其原因除了上述诸多关于月球之谜的科学问题吸引人类去探索外，还有就是月球上具有许多地球上不具备的、可以被地球人类利用的资源。

虽然月球是个无生命的荒芜天体，环境非常恶劣，但它是距离地球最近的天体。另外，月球的引力很小，只有地球的 1/6，如果把月球当成一个地球人宇宙航行的基地，在那里发射飞船，那么只需要在地球上发射时 1/6 的燃料，发射成本将大大降低；月球上没有空气，当然就不存在大气层的阻挡，如果在那里建设天文台会看得更远、更清楚；也因为没有大气层阻挡，那里的阳光远比地球上强烈，在那里建设太阳能发电站（图 7-11），效率要高很多。

更加吸引地球人类的是，那里丰富的物质资源，过去半个世纪的实地探测研究和对月岩样品的分析，犹如"芝麻开门"的咒语打开了"上帝的宝库"：组成月球外壳的元素有铀、钍、钾、硅、镁、铁、钛、钙、铝等；月岩中含有地球中全部元素和 60 种左右的矿物，其中 6 种矿物是地球没有的，而地球上最常见的 17 种元素，在月球上比比皆是；月球上稀有金属的储藏量比地球还多；月球玄武岩（图 7-12）中的钛、铁含量估计超过 1000 千亿吨以上；稀土元素估计

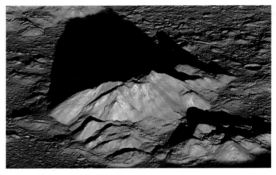

图 7-12 美国宇航局最新发布的月面玄武岩照片

图 7-11 日本科学家构想的月球太阳能发电站

有 225 亿至 450 亿吨；铬、镍、钠、镁、硅、铜等地球人类广泛使用的金属矿产资源也非常丰富。例如，在月面表层 5 厘米厚的沙土中就含有上亿吨铁。另外，特别让地球人垂涎的是月球土壤中的氦 3，这是一种安全无污染，容易控制的核聚变材料，估计蕴含量在 715000 吨左右，从月球土壤中每提取 1 吨氦 3，还可得到 6300 吨氢、70 吨氮和 1600 吨碳的副产品，这对于未来能源比较紧缺的地球来说，无疑是对地球人的最大诱惑。所以，到月球上寻宝，21 世纪一轮新的探月、登月热潮正方兴未艾。

中国的探月工程

中国有个妇孺皆知的民间故事"嫦娥奔月"。故事讲的是：很久很久以前，一个叫"嫦娥"的美丽姑娘，因为误吞了一种长生不老的仙药，便身轻如燕，飞到天上去，停留在离地球最近的月亮上。地球上的人，在晴朗之夜会看到，月亮上的嫦娥姑娘总是深情地望着地球，因为这里是她的家乡，这里有她的亲人。这个有趣的故事，说明"月球"早被赋予了华夏民族的"族籍"，我们的嫦娥姐姐带着可爱的小白兔，和吴刚先生在月球上生活了千百万年，他们辛勤地在月球上拓荒，培育出了飘香宇宙的"桂花树"。作为嫦娥姐姐的"娘家人"中国人对于"登月"梦想，就显得特别期待。

今天的中国是世界航天大国之一，在 2018 年的世界航天发射统计中，中国以 39 次发射超过美国的 31 次发射，位居榜首；美国屈居第二；而世界第一个突破地球引力，发射第一颗人造地球卫星的俄罗斯以 17 次发射量退居第三。因此，当月球那些未知的谜团和诱人的吸引力驱使全世界掀起新一轮的"探月热潮"时，中国当然不会置若罔闻。

发射人造地球卫星、开展载人航天和深空探测，是人类航天活动的三大领域。探索认知月球和开发月球资源、建立月球基地是深空探测的第一步，是世界航天活动的必然趋势和竞争热点。所以，早在 20 世纪 90 年代初，中国载人航天工程启动时，中国科学家们就在酝酿着自己的探月计划，经过近十年的论证，终于在 2004 年正式立项，命名为"嫦娥工程"，并确定了"无人探月""载人登月""建立月球基地"的总体战略规划。

"无人探月"阶段按"绕""落""回"三步走实施：

"绕"是发射我国第一颗月球探测卫星，突破地外天体的飞行技术，实现月球探测卫星绕月飞行；获取月球表面三维影像；探测月球表面有用元素含量和物质类型；探测月壤特性，并探测地—月空间环境。

"落"是发射月球软着陆器，突破地外天体着陆技术，进行月球软着陆和自动巡视；探测着陆区的地形地貌、地质构造、岩石的化学与矿物成分和月表环境；进行月岩的现场探测和采样分析；进行日—地—月空间环境监测与月基天文观测。

"回"是进行月球样品自动取样并返回地球，在地球上对取样进行分析研究，深化对地—月系统起源和演化的认识。

2007 年 10 月 24 日，中国首颗月球探测卫星"嫦娥一号"发射；2019 年 1 月 3 日，"嫦娥四号"成功着陆在月球背面南极的艾特肯盆地冯·卡门撞击坑（图 7-13），月球车"玉兔二号"到达月面开始巡视探测；同年 1 月 11 日，嫦娥四号着陆器与玉兔二号巡视器完成互拍，开始月面巡视探测研究工作，至今仍在正常运行；2020 年 11 月 24 日，中国成功发射"嫦娥五号"，12 月 1 日，"嫦娥五号"成功在月球正面着陆，12 月 2 日，完成月球取样及封装，12 月 3 日，成功将携带样品的上升器送入预定环月轨道，这是我国首次实现地外天体起飞，**12 月 17 日**，在内蒙古四子王旗预定区域成功着陆，标志着我国首次地外天体采样返回任务圆满完成，同时这也标志着中国的"无人探月"阶段三步计划全面完成。

中国的"载人登月"计划，正在工程实施论证阶段。在"嫦娥五号"任务完成之后，还将通过发射嫦娥六号和嫦娥七号模拟载人登月试验，逐步过渡到"载人登月"阶段。可以设想，在不久的将来，将会有许多当代的嫦娥与吴刚奔向月球，去执行新时代的月球拓荒任务，去揭开月球的神秘面纱，为促进地球文明进步发展，为人类拓展地外生存空间，向宇宙深空探测进军而"建立月球基地"。中华民族有屹立于世界民族之林的能力，一个为人类和平利用月球资源做出创新贡献的辉煌时代必将到来。

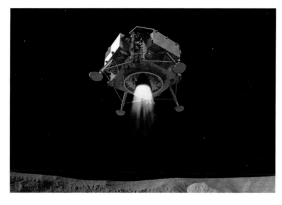

嫦娥四号登陆月球效果图

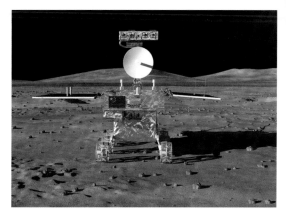

嫦娥四号着陆器

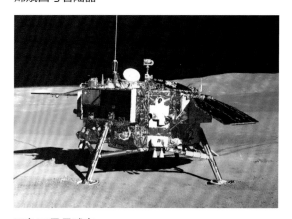

玉兔二号月球车

图 7-13 2019 年 1 月 3 日，中国"嫦娥四号"成功着陆，在月球背面南极的艾特肯盆地冯·卡门撞击坑